같은 공간,
다른 환경 이야기

동물과 인간의 주관적 세계론

일러두기

* 이 책은 야콥 폰 윅스퀼(Jakob von Uexküll, 1864-1944)의 저서 *Streifzüge durch die Umwelten von Tieren und Menschen*(1934년 출판)을 번역한 것이다.
* 야콥 윅스퀼은 환경의 개념을 최초로 규정하였다. 이에 따르면 동물의 주변 전체가 환경이 아니며, 동물에게 생물학적 의미가 있는 물체들로 구성된 공간이 환경이다.
* 동물은 자신의 환경에서 주인공이며, 내재한 감각 부호와 작동 부호로 대상 물체를 인식하고 대응한다.
* 모든 동물은 서로 다른 환경을 갖는다.

같은 공간,
다른 환경 이야기

동물과 인간의 주관적 세계론

야콥 폰 윅스퀼 지음

김재헌 옮김

문미라 그림

올리브
그린

번역한 사람의 생각과 감사의 말

생물의 삶에 환경이 반드시 있어야 한다는 사실은
너무나 당연하다. 환경이 없으면 생물이 존재할 수
없으니까. 태양계가 있으니까 지구가 있고,
지구가 있으니까 사람도 동물도 꽃도 있는 거니까.

그런데 태양계나 지구가 생물의 환경인 것은 이성적으로는 이해가
되지만 왠지 피부에 와닿지 않는다. 이것은 범위를 너무 크게 잡았
기 때문일 것이다. 어쨌든 지구 환경의 변화를 초래한 원인이 화석
연료의 과도한 사용과 삼림(森林) 파괴의 결과라는 것이 공감을 얻어
2015년 파리협정이 체결되기에 이르렀다. 파리협정은 지구온난화
를 막아 보려는 목적으로 세계 각국이 강제적으로 온실가스 배출
량을 줄여야 하는 국제법적 효력이 있다고 한다.

아무도 뜨거운 불을 맨손으로 만지려고 하지 않는다. 누구나 자
기 몸이 불에 타면 망가지는 것을 알기 때문이다. 그런데 온실가스
배출량을 줄이기 위해서 노력하지 않는 사람도 많이 있다. 이들은
지구 환경의 변화가 자기의 삶을 망가트린다는 것을 모르거나 당
장에 느낄 수 없을 만큼 천천히 진행되어서 아직 위기의식이 생기
지 않은 사람들일 것이다.

국어사전에서 환경(環境)이란 '생물이나 물체를 둘러싼 주변의 상태나 조건의 총합'이라고 정의하고 있다. 영어(environment)나 독일어(Umwelt)에서도 거의 같은 뜻으로 쓰인다. 여기에서 알 수 있듯이 '환경'이란 생물이 직접 체험하는 범위에서 쓰이는 단어이다. 사람에게 지구온난화보다는 홍수나 산불의 피해가 직접적으로 다가온다. 즉 사람에게 환경은 각자의 경험을 통해서만 이해될 수 있다. 그런데 과학 기술은 인간의 시야를 가까운 주변으로부터 지구는 물론 우주로까지 넓혀 놓았고, 과거와 미래를 통찰할 수 있는 능력도 갖추게 했다. 그 결과 환경은 그 범위가 확장되었고, 일반인이 직접 경험하기 어려운 학문의 영역으로 발전하였다. 환경이란 단어는 과학자의 용어가 되어서 우리 주변을 떠나 버렸다.

역자는 학생들과의 독서토론 교재로 사용한 《세계를 움직인 과학의 고전들》(世界がわかる理系の名著, 가마타 히로키 지음, 정숙영 번역, 2010)'이란 책을 통해서 약 100년 전의 독일 생물학자인 야콥 폰 윅스퀼(Jakob von Uexküll, 1864~1944)을 처음 알게 되었다. 이 책에서 그의 저서 *Streifzüge durch die Umwelten von Tieren und Menschen*(직역: 동물과 사람의 환경 답사)가 소개되면서 그가 환경(Umwelt)이란 용어를 처음으로 사용한 것도 알게 되었다.

그런데 그는 환경을 객관적이며 과학적인 연구 대상으로만 알고 있던 내 생각과는 다르게 설명하였다. 그에 의하면 사람이 자신의 필요에 따라 주변에 표지해 놓은 물체의 집합이 환경이라는 것이다. 확대해서 말하면 생물이 환경을 정하는 것이고 생물마다 서로 다른 환경을 가질 수도 있다. 그러니까 환경은 주관적인 것이다. 그리고 환경이란 생체 외부에 있어도 생체와 긴밀하게 연결된 생체의 한 부분과 마찬가지이다. 환경이 내 몸 안에 들어와 있어야 한다.

　나는 이 내용에 큰 감명을 받고 1934년에 출판된 독일어 원본을 구해 읽으며 중요하다고 생각한 부분은 나름대로 번역하여 정리하다가 아예 번역본을 만들게 되었다. 우리나라에서는 이 책은 이미 《동물들의 세계와 인간의 세계》(도서출판 b, 정지은 옮김, 2012)라는 제목으로 번역되어 출판되었고, 당시 과학 분야 도서 중에서 꽤 인기가 있었다고 한다. 그런데 이번에 또 새롭게 번역을 시도한 것은 그만큼 윅스퀼의 사상이 현재까지 큰 영향을 미치고 있기 때문이다.

　특히 그는 인지 행동 분야에서 쓰이는 여러 현대적 개념을 처음으로 제시하였다. 그는 독일의 생물학자이지만 에스토니아(당시에는 러시아) 출신이다. 생물학자로서 많은 연구를 수행하면서도 박사학위 과정을 정식으로 밟지 않았고, 60살이 되어서야 명예박사로써 함부르크 대학의 환경연구소를 맡게 되었다. 그만큼 특이한 인생 행로를 걸었던 그의 학문적 성과가 그 당시에도 무시될 수 없었던 결과라고 생각된다.

　우리나라에서 윅스퀼은 상대적으로 덜 알려진 사람이지만, 그는 생물학자보다는 '생물기호학(biosemiotics)의 창시자'로서 세계적으로 더 유명하다.

　역자는 이 번역본을 통해서 환경이란 용어가 지구과학적 관점이 아닌 생물학적으로 좀 더 쉽게 이해되길 바란다. 이번 번역에서 가장 신경을 많이 쓴 것은 일반인이 좀 더 쉽게 알 수 있도록 가능하면 평범한 용어를 사용하는 것이었다. 그리고 생물학과 관련된 내용 역시 최대한 풀어서 설명하도록 노력하였다. 역자는 생물기호학에 대해서는 문외한이므로 이 번역본에서 사용된 용어는 언어학이나 기호학적 지식 없이 역자의 편의에 따라서 선택된 것들임을 밝힌다. 그리고 오래되어 현실감이 떨어지는 원본의 삽화는 다시 그리거나 필요에 따라서 새로 추가하였다.

이 번역본의 원고 작성에 많은 도움을 주신 조정원 인제대 교수님과 단국대 미생물학과 제자 안직수·소남우, 삽화를 담당해 준 문미라 님께 깊은 감사를 드린다. 그리고 출판을 허락해주시고 여러 가지 어려움을 극복하도록 독려해주신 올리브그린 오종욱 대표님께 감사드린다.

깊은 못 석탑에서
김재헌 단국대학교 미생물학과 명예교수

머리말

이 작은 책이 새로운 학문의 안내서로 읽히기를
바라지는 않는다. 이 책은 이제까지 알려지지 않았던
세계를 가볍게 답사하면서 소개하고 있다.
이 미지의 세계는 보이지도 않는다.
더욱이 많은 동물학자와 생리학자는
이런 세계가 존재한다는 것을 인정하지 않는다.

그 세계를 아는 사람에게는 이 부정적인 생각이 이상하게 느껴지지만, 한편으론 이해되기도 한다. 그 세계로 들어가는 입구가 누구에게나 다 열려 있는 것이 아니다. 어떤 굳은 신념이 그 세계로 통하는 문을 아주 꽉 닫아 버린다면 그 안에 퍼져 있는 빛은 한 줄기도 밖으로 새어 나올 수 없다.

모든 생물은 기계에 불과하다고 확신하는 사람에게 생물의 '환경(Umwelt)'이 한번이라도 보일 거라는 기대는 할 수 없다. 그런데 아직 생물 기계설에 완전히 빠져 있지 않은 사람이라면 다음처럼 생각할 수도 있다. 우리가 사용하는 모든 일상용품과 기계는 보조 수단일 뿐이다. 공장에서 천연물을 가공할 때 쓰이는 큰 기계는 물론철도, 자동차, 비행기까지도 인간 활동의 보조 수단 즉 도구이다. 그리고 어떤 물건을 지각(인지)하기 위해서도 망원경, 안경, 현미경,

라디오 등의 보조 수단을 쓴다.

　그러니까 동물이란 존재도 일하거나 지각하는데 필요한 적당한 도구가 운전 장치를 통해서 하나로 합쳐진 것에 불과하다고 생각할 가능성이 매우 커진다. 다시 말하면 동물이란 기계 상태로 머물러 있으면서 삶을 수행하기에 적당한 존재인 것이다. 모든 기계론자는 때에 따라 딱딱한 기계를 더 중시하거나 융통성 있는 힘의 움직임을 더 중시하는 차이는 있겠지만 대부분 이렇게 생각하고 있다. 그래서 동물은 분명히 물체(객체)라는 낙인을 찍었다.

　지각과 일에 필요한 도구가 섞여 있는 특이한 조합으로 동물의 감각 기관과 운동 기관을 기계 부속품처럼 짜 맞추는 것에 그치지 않고, 지각과 활동에 대한 심사숙고 없이 인간에게도 똑같은 생각을 적용하고 더 나아가 인간을 기계처럼 만들었다. 행동 생물학자의 의견에 따르면 인간의 감각과 의지는 단지 겉으로 보이는 현상뿐이며 기껏해야 듣기 싫은 소음 정도로 의미 없는 것에 불과하다. 그런데 이 논리 전개는 처음부터 가장 중요한 사실을 무시하고 있다. 즉 보조 수단을 써서 지각하고 활동하는 주인공(주체)이라는 존재이다.

　인간이 감각 기관을 사용하여 지각하고, 운동 기관을 사용하여 활동한다는 의견을 가진 사람이라면 동물을 단순한 기계 구조물로 보지 않고, 동물의 기관(organ) 안에도 감각과 운동을 조율하는 '기계 운전자'가 들어있음을 알게 된다. 그래서 동물을 단순한 물체가 아니고 주요한 지각과 활동을 수행하는 주인공으로 여기게 된다.

이 생각이 있는 사람에게는 '환경'으로 들어가는 문이 이미 열린 것이다. 주인공이 알아보는 모든 물체가 모여서 '지각되는 세계'가 되고, 모든 활동이 모여서 '활동하는 세계'가 된다. 이 두 세계가 함께 하나의 잘 짜인 세계 즉 '환경'을 만든다.

우리가 동물의 환경을 비록 실제 눈이 아닌 정신적인 눈으로만 보게 되지만, 동물의 다양성 만큼 그 환경도 다양하며 너무나 아름답고 풍부하므로 자연 애호가가 이 환경을 산책하는 것은 충분히 가치 있는 일이다.

맑은 날에 딱정벌레가 윙윙거리고 나비가 펄럭이며 활짝 핀 들꽃이 가득한 초원에서 산책을 시작하자. 그리고 초원의 주인공인 동물이 지각하는 표지가 모두 들어있는 비눗방울처럼 생긴 공간, 즉 동물이 중심이 된 '환경'을 만들자. 만약 우리 자신이 직접 비눗방울(동물의 환경)에 들어가서 본다면 지금까지 밖에서 보아온 동물의 '주변'이 전혀 다른 모습으로 완전히 바뀐다. 형형색색의 초원이 가졌던 많은 특징이 완전히 사라지고, 또는 특징 간의 상관관계가 없어지거나 새롭게 만들어지기도 한다. 비눗방울 안에는 새로운 세상이 있는 것이다.

이 책은 이 새로운 세상을 탐사한 기행문이며 독자 여러분도 같이 둘러보기를 권하고 있다. 이 기행문을 통해서 미래를 향한 중대한 걸음을 내디뎠다. 많은 사람이 '환경'이 실제로 존재하고 새롭고 무궁무진한 연구 분야가 열려 있음을 확신하길 바란다. 동시에 이 책이 함부르크대학 환경연구소 연구원의 서로 돕는 연구 정신을 증명하는 업적이 되기를 바란다.

특히 우리에게 여러 그림을 제공해 주고 갈까마귀와 찌르라기에 관한 많은 경험을 설명해 주면서 많은 도움을 주신 로렌츠(Konrad Lorenz) 박사에게 많은 감사 인사를 드린다. 나방에 관한 자세한 실험 결과는 에거스(Friedrich Eggers) 박사가 기꺼이 보내 주셨다. 모두에게 진심으로 감사드린다.

1933년 12월 함부르크에서
야콥 폰 윅스퀼(Jakob von Uexküll)

차례

I

들어가는 말

개를 데리고 숲속에 들어가서
나무와 덤불을 헤치며
여기저기 돌아다니다 보면
어느새 털 곳곳에서 진드기를 발견하곤 한다.

나뭇가지(관목) 끝에 매달려 있다가 스쳐 지나가는 사람이나 동물에 떨어져 피를 빨아 먹는 작은 곤충인 진드기다. 1~2㎜ 정도의 이 곤충이 동물의 피로 배를 가득 채우면 자기 몸무게의 4배에 달하는 4~9㎜ 크기로 커진다.

동물의 입장에서 보면 한방울도 채 안될 정도로 아주 작은 분량의 피에 그치다 보니 그리 위협적이지는 않지만, 그렇다고 진드기가 동물에게 사랑받는 존재는 아니다.

진드기의 일생에 대해서는 많은 학자들에 의해 자세하게 알려져 있다. 알에서 막 깨어난 작은 진드기는 아직 불완전한 모습을 지닌다. 다리 한쌍과 생식기가 없는 형태로 태어나 탈피를 거듭하면서 없던 기관이 더 생겨나고 성체가 되어서야 비로소 완전한 형태를 지닌다. 진드기가 아직 불완전한 몸통이지만 풀줄기 끝에 잠복

그림 1. 진드기 성체

해 있다가 도마뱀 같은 냉혈동물을 기습할 수 있다. 그러다가 성체가 되면 온혈동물을 공격해 피를 빨아먹는다.

진드기가 온혈동물의 피를 빨아먹는 방법은 특이하다. 짝짓기가 끝난 암컷이 8개의 다리를 사용해 삐죽 솟아 있는 덤불 가지의 끝까지 기어 올라간 다음 자기 밑을 지나는 작은 포유동물에게 떨어지거나 큰 동물이 나뭇가지를 문지르며 지나갈 때 동물에 붙게 된다.

그렇다고 진드기가 지나가는 동물을 눈으로 인식해 달라붙는 것은 아니다. 진드기는 눈 대신 피부로 빛을 느낀다. 이를 이용해 가지의 끝부분인 밝은 방향으로 올라가 먹이를 기다리는 것이다. 가지 위에 머물면서 진드기는 냄새를 통해 동물이 그 아래를 지나가는지 알 수 있다.

눈과 귀가 없지만, 냄새를 통해서 자신의 제물이 가까이 오는 것을 알게 되는데, 모든 포유동물의 피부(피지선)에서 흘러나오는 뷰티르산(낙산) 냄새는 가지 끝에 붙어있는 진드기에게는 떨어지라는 신호로 작용한다. 뛰어내린 진드기가 정교한 열 센서를 통해 따뜻한 물체 위에 자신이 있음을 느끼면 온혈동물에 제대로 떨어진 것이다. 이어서 촉감을 이용해서 될 수 있는 대로 털이 없는 피부를 찾아내고, 앞다리를 깊게 찔러 자신의 머리가 들어갈 정도의 구멍을 낸다. 그리고 더운 피를 천천히 펌프질하듯이 빨아 자기 몸 안에 채워 넣는다.

그림 2. 온열동물을 기다리는 풀 위의 진드기

진드기와 관련해 피 대신 다른 액체와 인공막을 통해 실험한 결과에 따르면 진드기는 맛을 느끼지 못하며 온도만 맞으면 모든 액체를 빨아들인다.

그렇다고 진드기가 항상 동물에 정확히 떨어져 먹이를 구할 수 있는 것은 아니다. 뷰티르산을 느꼈어도 잘못 떨어져 차가운 물체에 떨어지면 그것은 먹이를 놓친 것이다. 그러면 진드기는 다시 높은 나뭇가지 끝으로 기어 올라가야 한다.

진드기의 만찬은 하지만 이 한번에 그친다. 진드기는 배를 가득 채운 다음 동물에게서 떨어져 땅에 알을 낳고 죽는다. 즉, 진드기는 다음 세대로 개체를 잇기 위해 마지막 만찬을 즐기고 죽는 것이다.

위에서 간단하게 살펴본 진드기의 생애에 관한 생리학과 생물학의 설명을 비교해 보면 생물학적 관점에서 한 설명이 더 설득력이 있다.

생리학자는 생물을 객관적 물체(객체)로 본다. 생물이 가진 기관과 기관들의 상호작용을 연구하는 생리학의 입장은 마치 기술자가 처음 보는 기계를 공부하는 것과 같다. 그와 반대로 생물학자는 모든 생물을 주인공(주체)으로 놓고, 그 생물이 세계의 중심이라는 관점을 갖고 있다. 즉, 생물을 호기심의 대상인 기계와 비교하지 않고, 기계를 움직이는 '기계 운전자'라고 생각하는 것이다.

그러면 진드기와 관련해 이 같은 질문이 던져진다. 진드기는 기계인가 아니면 기계 운전자인가? 즉 객관적 물체인가 아니면 주인공인가? 라는 질문이다.

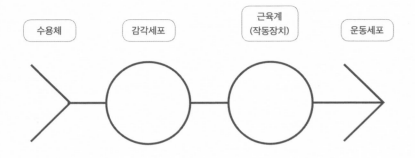

그림 3. 반사 회로('반사궁'이라고도 한다)

생리학에서는 진드기를 하나의 기계처럼 설명한다. 진드기에는 감각 기관인 수용체와 동작기관인 움직이는 근육계(작동장치)가 있고 이들이 중추신경계의 조정장치를 통하여 서로 연결되어 있다. 이 관점에선 진드기를 전체적으로 '기계'로 여기는 것이고 '기계 운전자'로 보지 않는다.

생물학자는 "생물을 기계로 설명하려는 것은 잘못이다. 진드기 몸의 어느 부분도 기계의 특징을 갖지 않으며 몸 전체에 기계 운전자가 작용하고 있다."고 말한다.

좀더 구체적으로 설명하면 생리학자는 진드기의 모든 행동을 반사 작용으로 본다. 즉 그림에서 보는 것처럼 반사 회로를 통해 전달되는 기계적 원리에 의해 진드기가 온혈동물에 달라붙게 된다는 것이다.

반사 회로에서 다른 자극은 고려의 대상이 아니다. 오로지 뷰티르산이나 열 등 특정 외부자극만을 받는 수용체에서 자극이 시작되고, 동물에게 떨어지는 작동장치를 움직임으로써 끝이 난다. 느낌을 일으키는 '감각세포'와 움직임을 유발하는 '운동세포'는, 외부의 자극을 받은 결과 만들어진 신경의 물리적 흥분이 파동처럼 근육계에 전달되어 행동이 일어나기까지 이어진 연결고리 중 한 부분일 뿐이다.

모든 반사 회로는 움직임을 일으키는 기계와 같다. 이런 관점에서 기계 운전자와 같은 주관적인 요인은 작용하지 않는다. 하지만 생물학자는 "바로 그 반대로 생각해야 한다"라고 말한다. 기계가 각각의 존재로 인해 작동하는 것은 아니다. 기계를 운전할 수 있는 주인공이 있어야 기계는 유기적으로 작동을 하기 때문이다.

반사 회로의 모든 세포는 움직임을 중계하는 것이 아니라 자극을 전달한다. 즉 어떤 자극이 무엇인지 아는 것은 주인공이 하는 일이지 객관적인 물체가 하는 일이 아니다. 종을 예로 들어 설명해 보자. 시간을 알리는 종은 추가 일정한 방향으로 이리저리 흔들려야만 종이라는 전체에 걸맞는 움직임이 된다. 반면에 열, 냉기, 산·알칼리, 전기 등의 다른 외부 충격은 추를 움직이게 하지 못한다.

그런데 생물학자인 뮐러(Johannes Müller, 1801-1858)에 따르면 생명체의 각 근육은 전혀 다른 방식으로 움직인다. 다양한 형태의 외부 충격이 모두 근육을 수축시키는데, 외부 충격이 그 종류와 관계없이 같은 자극으로 변형되고 근육세포를 수축시키는 추진력(Impuls)을 일으킨다.

우리의 시신경은 여러 가지 외부 충격(에테르 파동, 압력, 전류 등)을 받으면 모두 빛을 받은 느낌을 일으킨다. 즉 시각세포는 외부 충격이 달라도 '시력'이라는 같은 '감각 부호'로 대응한다.

결국 모든 살아있는 세포는 다양한 기계의 특성을 이해하고 움직이는 기계 운전자처럼 주변을 느끼고 작용하며 각각 고유한 감각 부호와 "작동 부호" 또는 운동 추진력을 갖고 있다고 생각할 수 있다. 그러므로 모든 동물이 자신의 주변을 파악하고 대응하는 것은 감각 부호와 작동 부호를 가진 작은 세포들(기계 운전자)이 협동한 결과다.

뇌세포는 세포들의 조직적인 협동이 가능하도록 종합적으로 작동한다. 뇌의 절반은 외부에서 전해진 자극을 받는 각각 세포들이 인지 기관이란 연합체를 형성하고, 이 연합체가 동물에게 접근하는 외부 자극에 대응하고 있다. 뇌의 나머지 반은 동물의 반응을 외부 세계에 전달하는 작동장치(근육)의 움직임을 지배하는 작동세포의 연합체, 즉 뇌의 작동기관이 되는 것이다.

특정 감각 부호를 가진 인지 세포들의 집단이 감각 기관이지만, 각각의 감각 세포는 서로 분리된 상태로 존재한다. 이때 각 세포의 감각 부호가 인지 기관 밖에서 하나로 융합된다.

이런 일은 실제로 일어난다. 여러 가지 감각 부호들이 동물의 몸 밖에서 연합하여 하나가 되고, 이것이 외부에 있는 대상 물체의 특징이 된다.

쉽게 예를 들어 설명하면, '푸르다'라는 느낌이 하늘의 '푸름'이 되었고, '풀빛'이라는 느낌은 잔디의 '녹색'이 되었다. 푸른 것을 특징으로 느껴서 하늘을 인식하고, 풀빛을 특징으로 느껴서 잔디를 인식하고 있다.

이처럼 우리의 모든 감각은 고유한 감각 부호를 제시하며, 여러 감각이 융합된 특징으로 외부의 어떤 대상을 표지하고, 이것을 우리의 행동 결정에 이용한다.

작동기관에서도 똑같은 일이 일어난다. 작동 부호에 따라 잘 정돈된 연합체를 형성한 작동세포들이 기본적인 기계 운전자의 임무를 수행한다. 이 경우에도, 여러 작동 부호가 하나로 합쳐져서 잘 조직된 운동 추진력으로 율동적으로 근육을 움직인다. 어떤 근육계가 움직이냐에 따라서 외부의 대상에 대한 '작동'의 형태가 정해진다.

예를 들어 사자가 사냥할 때 여러 근육이 동시에 작동해 순간적인 에너지를 발산해 먹잇감을 쫓는다. 하지만 배부른 사자가 쉴 곳을 찾아 어슬렁거릴 때는 같은 근육이지만 천천히 다른 형태로 작동하게 된다.

생물(주인공)의 근육계가 외부 대상에게 하는 행위(작동)는 쉽게 알 수 있다. 예를 들면 진드기의 긴 빨대 같은 주둥이가 포유동물의 피부에 입힌 상처 같은 것이다. 뷰티르산과 체온을 느낄 기회가 매우 드물지만, 진드기는 이 과정을 거쳐야만 자신의 '환경'에서 삶을 완성하는 것이다.

핀셋에 비유해서 설명하자면, 진드기(생물)는 핀셋의 뾰족한 두 끝을 이용해 목표물을 공격하는 것과 같다. 그중 하나는 대상을 표지하고 다른 하나는 대상에 대한 행위를 담당한다. 이 과정에서 대상의 일부분이 생물에 의해 인지되고 다른 일부는 생물의 행위로 영향받는다. 흔들리는 동물의 피부에 달라붙어 떨어지지 않고 버티면서 피를 빨기까지, 핀셋의 한끝은 동물의 표피를 인지하고 다른 끝은 동물의 움직임을 감지해 찰싹 붙어있는 것이다.

대상의 특성들은 구조적으로 서로 연결되어 영향을 미치므로, 생물의 행위 때문에 하나의 특성이 변하면 다른 특성도 변화되고 만다. 그 결과 동물에게 전해지고 있던 표지가 없어져서 더는 대상을 느끼지 않게 된다. 즉, '생물의 작용이 대상을(표지를) 지워 버린다'라고 표현할 수 있다.

동물의 행위 과정에서 중요한 것은 수용체를 통과하는 자극을 선택하고 근육계를 움직이는 근육의 배치는 물론, 감각 세포와 작동세포의 수와 배열이다. 감각 세포는 감각 부호를 사용하여 '환경에 있는 대상을 표지'하고 작동세포는 작동 부호를 사용하여 대상에 대한 행위를 결정한다.

대상에는 동물이 알아보는 표지 부분과 동물의 행위를 받는 부분이 같이 존재한다. 그림은 동물과 대상의 관계를 알기 쉽게 설명하기 위하여 기능 회로를 모식도로 나타낸 것이다.

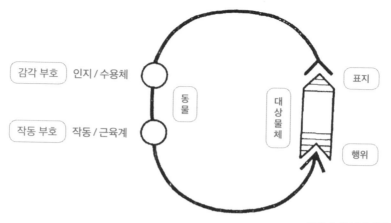

감각 부호 │ 인지 / 수용체

작동 부호 │ 작동 / 근육계

동물

대상물체

표지

행위

그림 4. 인식에 대한 기능 회로

　　동물과 대상은 서로 맞춰진 조직적인 통합체를 형성하고 있다. 더 나아가서 하나의 동물이 많은 기능 회로를 가지고 하나의 대상 또는 여러 대상과 연결돼 있다는 생각을 한다면, '환경'에 대한 첫 번째 법칙을 이해한 것이다.

　　모든 동물은 단순한 동물이거나 복잡한 동물이거나 관계없이 모두 완벽하게 '환경'에 적응하고 있다. 단순한 동물은 단순한 '환경'에 알맞고 복잡한 구조를 갖는 동물은 마찬가지로 복합적인 '환경'에 맞는 존재이다.

　　위에서 살펴본 진드기를 기능 회로에서 주인공(동물)으로 대입하고 포유동물을 진드기의 대상으로 대입해 보면 세개의 기능 회로가 조직적으로 움직이는 것을 알 수 있다. 포유동물의 땀샘에서 만들어진 물질(뷰티르산)이 첫 번째 기능 회로를 통해서, 진드기에게 포유동물의 존재를 알려준다. 뷰티르산 자극을 느낀 진드기가 냄새의 감각 부호를 포유동물과 연결하고 있다.

인지 기관에서 일어난 반응에 부응하여, 작동기관에서는 운동 추진력이 유발되어 진드기의 다리를 움직여 뛰어내리게 만든다. 떨어진 진드기가 포유동물의 털과 충돌하면 촉감이 생기고 뷰티르산 냄새 느낌은 없어진다. 진드기가 촉감으로 이리저리 움직이다가 털이 없는 부분에 도달하면 촉감이 열 느낌으로 바뀌고 그 부분에 구멍을 뚫기 시작한다.

이 과정은 객관적으로 확인할 수 있는 물리·화학적 작용을 통해서 일어나는 세 가지 연속적인 반사 작용과 연관되어 있다. 그러나 이 사실을 알아낸 데서 그친다면 이는 본질을 제대로 파악하지 못한 것이다.

즉 뷰티르산이라는 화학적 자극, 털에 의한 물리적 자극, 피부의 온도 등이 중요한 것이 아니라, 포유동물의 특성에서 비롯된 수많은 작용 중에서 다른 것들은 모두 제쳐놓고 이 세 가지만이 진드기에게 포유동물이 있음을 알리는 표지가 된다는 점이다. 두 개의 객관적인 물체(진드기와 포유동물) 사이에 작용을 주고받는 것을 다루는 것이 아니고, 살아 움직이는 주인공과 그의 대상 사이의 관계가 중요하다. 진드기가 가진 감각 부호와 대상에서 오는 자극 사이에 펼쳐지는 전혀 다른 측면에서 보는 문제이다.

진드기가 숲속 빈터 나뭇가지 끝에 가만히 매달려 있다. 그 위치는 우연히 지나가는 포유동물에게 떨어지기에 좋은 곳이다. 아직 주변으로부터 아무런 자극도 진드기에게 들어 오지 않는다. 그런 데 마침 그때 후손을 생산하는데 필요한 피를 제공해 줄 포유동물이 가까이 다가온다.

그리고 이때 포유동물이 외부에 하는 모든 작용 중에서 단 세 가지만이 순서대로 진드기를 자극하는 매우 놀라운 일이 일어난다. 세 자극은 진드기를 둘러싼 거대한 세계에서 마치 어둠 속의 빛처럼 뚜렷하게 드러나서 진드기가 자신의 목표물에 확실하게 갈 수 있게 돕는 도로 표지판 같은 역할을 한다.

이것이 가능하도록 진드기의 몸에는 수용체 및 근육계 외에 세 가지 감각 부호가 있어서 포유동물을 인식할 수 있다. 그 결과 진드기는 정해진 과정을 철저히 따르며 매우 특징적인 행동만을 나타낼 수 있게 된다.

진드기 '주변'의 다양하고 풍부한 세계를 뭉뚱그려서 세 가지 자극만 느끼고 세 가지 작용만 있는 소박 하고 단순한 모습–진드기의 '환경'–으로 변화시킨 것이다. 이 단순함이 진드기가 해야 하는 행위의 확실성을 위해서는 내용이 풍부한 복잡한 '환경'보다 더 나은 것이다.

진드기를 보면 동물의 '환경'이 어떤 식으로 구성되는지 대략 파악할 수 있게 된다. 그런데 진드기의 '환경'을 이해하려면 또 다른 특수한 능력을 알아야 한다.

진드기가 앉아 있는 나뭇가지 아래로 포유동물이 지나가는 일

그림 5. 진드기는 온열동물이 지나갈 때까지 18년간 정지된 채 잠들 수 있다.

은 아주 드문 일로써 우연한 행운이라고 할 수 있다. 종족을 번식해야 하는 진드기의 절실한 입장이 있지만, 그렇다고 수많은 진드기가 나뭇가지에서 얼마의 시간을 기다려야 온혈 동물을 만날 수 있을 것인가.

여기에서 진드기의 비밀이 하나 더 있다. 진드기는 오랫동안 먹지 않고도 생존이 가능하다는 점이다. 예를 들어 한곳에서 십 년 넘게 머문다면, 진드기가 온혈 동물을 만날 기회도 그만큼 늘어나지 않을까.

로스톡(Rostoc) 대학교 동물학 연구소에서는 18년이나 굶은 진드기를 살려냈다. 인간에겐 불가능한 일인데, 진드기는 18년 동안이나 먹지 않고 포유동물을 기다릴 수 있다는 것을 보여준다.

우리의 시간은 순간이 연속적으로 이어진 것이다. 한순간이라는 것은 세상에서 생겨난 변화를 그려낼 수 없을 만큼의 가장 짧은 시간 간격이다. 그러므로 그 순간에는 세상이 정지되어 있다고도 할 수 있다. 인간에게 그 순간은 $^1/_{18}$초(0.056초)라고 한다. 동물마다 그 짧은 순간의 길이가 다르다고 하는데, 아무 변화 없는 환경을 18년 동안이나 견딜 수 있는 진드기의 능력은 상상을 초월한 것이다. 즉, 진드기에게 18년은 한순간에 불과하다.

아마도 진드기는 이 기다림의 시간 동안 수면 상태에 있는 것으로 생각된다. 사람도 자는 몇 시간 동안은 시간이 중단된다. 다만 진드기의 환경에선 기다리는 동안 정지된 시간이 몇 시간이 아니라 몇 년이 넘고, 뷰티르산 신호가 진드기를 깨워 새로운 활동을 시작게 만들면 비로소 다시 흐르는 것으로 생각된다.

이러한 시간에 대한 이해가 우리 인간에게 알려주는 것은 무엇인가? 매우 의미심장한 중요한 것을 알게 된다. 모든 일은 시간 속에서 벌어지고, 시간 속에 가지각색의 다양한 일들이 들어있지만 시간 자체는 객관적으로 변하지 않는 것으로 여겨졌다.

그런데 진드기의 삶이 자신의 '환경' 시간을 지배하는 것을 발견할 수 있다. 즉 시간이 없다면 살아있는 동물이 없다고 지금까지 말했지만, 앞으로는 살아있는 동물이 없으면 시간이 있을 수 없다고 말해야 한다.

곧 알게 되겠지만 공간에 대해서도 같은 말을 하게 된다. 결국 살아있는 동물이 있으므로 공간과 시간이 있다는 것이다.

거추장스러운 동물에 불과하다고 여겨진 진드기를 통해 생물학도 마침내 칸트 철학과 만나게 되었다. '환경론'에서 동물이 주인공으로서 갖는 역할이 결정적임을 알게 되면서, 칸트의 가르침이 자연과학을 아주 깊이 설명하고 있다는 것을 이해하게 될 것이다.

Ⅱ

환경의 공간

미식가가
쿠키에서 건포도만 골라내는 것처럼
진드기는 주변의 많은 것 중에
뷰티르산을 분별해낸다.

여기에서 우리에게 중요한 것은 건포도가 어떤 맛이나 느낌을 안겨주느냐가 아니라, 건포도가 미식가에게 생물학적으로 중요한 코드(환경)로 인지되어 있다는 사실이다. 마찬가지로 뷰티르산이 냄새로 또는 맛으로 어떻게 진드기에게 작용하는지가 궁금한 것이 아니라, 뷰티르산이 진드기에겐 생물학적으로 중요하기 때문에 표지(다른 사물과 구별하여 알 수 있도록 한 표시나 특징)되어 있다는 사실이다.

미식가와 진드기 각각의 인지 기관에는 감각 부호를 대상을 향하여 내보내는 세포가 있다고 가정해야 한다. 미식가의 감각 부호가 건포도 자극을 '환경'에 표지해 놓은 것처럼, 진드기의 감각 부호는 뷰티르산 자극을 자기 '환경'에 표지한 것뿐이다.

지금 우리가 연구하려는 동물의 '환경'은 그를 둘러싼 '주변'의 전체가 아니라 일부분만이다. 인간이 동물 자신보다 동물의 주변을 훨씬 더 넓게 볼 수 있지만, 인간이 보는 '주변' 역시 인간에게는

'환경'이라고 할 수 있다. 동물의 '환경' 연구에서 가장 중요한 작업은 동물이 자각하는 표지를 근거로 동물의 특징을 알아내고 그로부터 동물의 '환경'을 구성해 보는 것이다. 진드기는 건포도라는 표지에 대하여 완전히 무관심하지만, 뷰티르산이라는 표지는 진드기의 '환경'에서 중심적인 역할을 한다. 반대로 미식가의 '환경'에서는 건포도가 뷰티르산보다 더 강한 의미가 있는 표지이다.

모든 동물은 주변에 있는 많은 물체의 특성과 거미줄 같은 관계를 만들고, 그 관계가 엮인 튼튼한 그물망 위에서 자신의 존재를 지탱한다.

동물과 '주변' 대상 간의 관계는 언제나 몸 밖에서 일어나는 것이므로, 당연히 어떤 물체가 동물에게 표지가 되는지 알아야 한다. 표지는 어떤 식으로든 공간과 연관되어 있고 시간에 따라서 나타났다 사라지기도 하므로 시간과도 연관되어 있다.

우리는 너무 쉽게 다른 동물의 '환경'이 인간의 '환경'과 같은 공간·시간에서 펼쳐진다는 착각에 빠져든다. 이러한 착각은 모든 생물로 채워진 단 하나의 세계만이 존재한다는 믿음에서 생겨난 것이다. 일반적으로 모든 생물은 하나의 공간과 하나의 시간에서 살고 있다고 믿고 있지만, 최근에 이르러 물리학자들은 모든 존재가 한 공간에 들어있는 우주를 의심하기 시작하였다. 인간이 세 공간(활동공간, 촉감공간, 시공간)에서 사는 사실만 보아도 하나의 공간이란 생각은 맞지 않는다. 그러면 활동공간과 촉감공간, 시공간은 어떻게 다른가.

활동공간

우리는 눈을 감고 팔다리를 움직여도 움직임의 방향과 크기를 잘 알고 있다. 그리고 움직일 수 있는 공간, 즉 활동공간에 있는 길을 손을 움직여서 그려낼 수도 있다. 인간의 방향감각이 모든 걸음의 진행 방향을 잘 알고 있으므로, 가장 짧은 '방향성이 있는 걸음'을 기본 단위로 이용하여 모든 길을 6방향으로 측량할 수 있다. 즉, 위·아래, 왼쪽·오른쪽, 앞·뒤로 구분하여 표현한다.

팔을 앞으로 길게 뻗고 미세하게 걸으면서 집게손가락의 움직임으로 보폭을 측정한 결과, 인간이 만들 수 있는 가장 짧은 보폭이 약 2㎝ 정도라고 한다. 그런데 이 방법을 써서 공간을 측정하는 것은 매우 정확하지 않다는 것을 누구나 알 고 있다. 우리가 눈을 감고 양손의 집게손가락 끝이 만나도록 시도해 보면 대부분은 실패하고 두 집게손가락이 2㎝ 정도 서로 비껴간다는 사실만 봐도 손가락의 움직임이 부정확한 것이 쉽게 이해된다.

우리에게 더 중요한 사실은 한번 지나간 길을 쉽게 기억하기 때문에 어둠 속에서도 글을 쓸 수 있다는 것이다. 우리는 이 능력을 '운동감각'이라고 하는데 이는 새로운 사실이 아니다.

그런데 활동공간은 단순하게 수많은 '방향성이 있는 걸음'들이 교차하며 움직임이 가능한 공간이 아니라 평면들이 위아래로 포개진 시스템, 즉 공간을 분석할 때 기본적으로 이용되는 좌표들로 이루어진 시스템이다.

공간을 연구하는 사람에게는 이 사실을 이해하는 것이 기본적으로 중요하다. 눈을 감고 손바닥을 이마 앞에 수직으로 세워서 편 상태로 좌우로 움직이다가 왼쪽과 오른쪽의 경계선이라고 생각하는 위치에서 멈추게 하면 대체로 몸의 중간 면과 일치하는 위치에서 멈춘다. 마찬가지로 손바닥을 수평으로 유지하면서 위아래로 움직이면 그 경계가 어디에 놓여 있는지를 바로 규명할 수 있는데 대부분 눈높이를 위아래의 기준으로 판단한다.

그 다음으로 많은 사람이 윗입술 높이를 위아래의 기준으로 생각하였다. 그런데 앞뒤 경계의 기준은 사람마다 매우 다양하게 설정되었다. 몸의 측면에서 정면을 향하여 손바닥을 펴고 앞뒤로 움직이면서 그 경계를 판단하게 하였는데 귓구멍 주변을 앞뒤의 경계로 판단하는 사람이 많았지만, 협골중(광대뼈) 부근이 그 경계라고 생각하는 사람도 있고, 코끝을 경계로 인식하는 때도 있다.

사람은 보통 머리와 밀접하게 연관된 이 세 평면을 기준으로 설정된 좌표 시스템을 갖고 움직이며, 이를 활용하여 '방향성이 있는 걸음'이 이리저리 돌아다닐 수 있는 공간의 범위를 구체적으로 정한다.

움직임의 최소단위인 '방향성이 있는 걸음'은 정밀하지 않아서 활동공간에서 확실한 위치를 정하는 데 이용할 수 없다. 그 대신 공간에 움직이지 않는 평면을 설정함으로써 위치를 체계적으로 정할 수 있다.

씨온(Elie de Cyon, 1843~1912)이란 학자가 인간이 귀 안에 들어 있는 감각 기관인 세반고리관을 통해서 3차원적인 공간 입체성을 느낄 수 있음을 밝힌 것은 대단한 일이다. 이 세반고리관의 위치가 활동 공간의 세 평면과 대체로 일치한다. 이 관계는 많은 실험을 통하여 분명하게 입증되었으므로, 일반적으로 세반고리관을 갖는 모든 동물은 3차원적 활동공간이 있다고 할 수 있다.

그림에서는 물고기에게 정말로 중요한 세반고리관을 보여주고 있다. 이 구조에는 관이 있고 관 내부에 신경의 지배하에서 세 방향으로 움직이는 액체가 들어 있다. 신체의 움직임이 관 내부 액체에 정확하게 반영되고 있다. 이 사실은 활동 공간의 세 평면이 세반고리관에 옮겨져 있다는 것과 함께 또 한 가지 중요한 의미가 있음을 말해준다. 즉 나침반 기능이 주어진 것이다. 언제나 북쪽을 가리키는 것이 아닌, '집 대문'을 가리키는 나침반이다. 만약 몸의 모든 움직임이 세 방향으로 따로따로 나뉘어 세반고리관에 표시되고, 물고기가 이리저리 움직이는

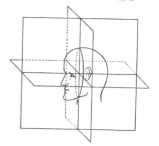

그림 6. 사람의 공간 좌표 설정

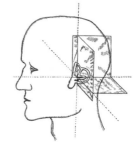

그림 7. 사람의 세반고리관

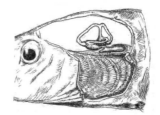

그림 8. 물고기의 세반고리관

동안에 신경의 표시가 원점으로 되돌아와 있다면 물고기는 출발점으로 다시 와 있는 것이다.

둥지나 산란장소와 같은 고정된 서식지가 있는 동물에게 나침반이 꼭 필요한 것은 의심할 여지가 없다. 시각적 표지물에만 의존하여 시공간에서 출입문임을 알아보는 것은 대부분 완전하지 못한데, 그 이유는 겉모습이 변한 뒤에도 그 출입문을 찾아야 하기 때문이다.

곤충이나 연체동물은 세반고리관이 없어도 활동공간에서 출입문을 찾아내는 능력이 있는 것이 입증되었다. 이를 매우 잘 설명한 실험이 그림과 같다. 꿀벌들이 밖으로 날아간 사이에 벌통을 2m 정도 옮겨 놓았다. 돌아온 벌들은 원래 출구가 있던 공간에 집합해 있다가, 약 5분 후에야 위치를 바꾸어 옮겨진 벌통으로 이동한다.

꿀벌의 더듬이를 잘라버리고 실험을 진행하였다. 이 경우엔 벌들이 지체시간 없이 새 위치의 벌통으로 곧 날아간다. 이 사실은 활동공간에서 더듬이가 주로 방향을 잡아주는 기능을 한다는 것을 말해준다. 더듬이가 없는 경우엔 시공간에서 광학적인 느낌으로 방향을 잡는다. 즉 정상적으로 꿀벌이 출입문으로 돌아올 때 더듬이가 나침반 역할을 하며 시각에 의존하는 것보다 확실하게 귀갓길을 알려주는 것이 틀림없다.

그림 9. 꿀벌의 벌통 찾기

삿갓조개는 더 특이한 방법을 사용하여 자기 집을 찾아간다. 이들은 밀물과 썰물이 드나드는 경계에 있는 바위 바닥에 살고 있다. 큰 것들은 딱딱한 껍질을 사용하여 바위에 휴식처를 새겨 놓는다.

썰물 동안에는 이 휴식처에서 바위에 강하게 붙어 지내다가 밀물이 오면 주위를 돌아다니며 바위의 풀을 먹으며 지낸다. 다시 썰물이 되자마자 휴식처를 찾아내는데, 항상 같은 길을 이용하는 것은 아니다. 삿갓조개의 눈이 원시적인 수준이므로 보이는 것만으로 휴식처를 찾아낸다는 것은 불가능할 것이다. 후각에 의존하지도 않는다. 결국 활동공간에 나침반이 있다고 가정할 수밖에 없는데 아쉽게도 이에 관해서는 아직 알려진 바가 없다.

촉감공간(촉감이 있는 공간)

촉감공간의 기본 단위는 '방향성이 있는 걸음'처럼 움직이는 것이 아니고 고정된 위치, 즉 '촉감이 있는 장소'이다. '장소' 역시 동물의 감각 부호로 표지된 것이지만 '주변'의 소재로 만들어진 물체를 지칭하는 것은 아니다. 촉감에도 공간이 있는 것은 베버(Ernst Heinrich Weber, 1795~1878)에 의해서 증명되었다.

컴퍼스의 두 끝을 1cm 정도 떼어 놓고 사람의 목덜미를 누르면 두 끝을 확실히 구분하여 느낄 수 있다. 그런데 그 상태로 컴퍼스를 목 아래 등 쪽으로 이동시키면 두 끝이 점점 가까워지면서 나중에는 하나로 느끼게 된다.

이 사실로부터 인간에게는 피부에 닿는 느낌을 표지하는 감각 부호 외에 닿는 느낌의 위치를 표지하는 장소 부호도 있다는 것을 알 수 있다. 하나의 장소 부호가 촉감을 느끼는 장소를 지정하는 것이다. 피부 부위에 따라서 접촉의 중요성이 다른 만큼 다른 두 접촉을 서로 구분하기 위한 최소한의 거리가 매우 다양하다. 어떤 피부에서는 접촉되는 두 부분이 떨어져 있어도 장소 부호는 같다.

즉 같은 곳이 접촉된 것으로 느껴진다. 사람의 경우에 그 최소 거리는 입안을 더듬는 혀끝과 손가락 끝이 가장 좁아서 촉감이 느껴지는 지점들을 대부분 세밀하게 구분할 수 있다. 우리는 손가락으로 어떤 물체를 만지면서, 물체 표면의 여러 부분(장소, 위치)을 세밀한 모자이크 그림처럼 나누어서 구별한다. 이를 '장소 모자이크'를 만든다고 표현할 수 있다. 어떤 물체에 대한 '장소 모자이크'는 동물의 '주변'에 실제로 있는 것이 아니라, 동물이 자신의 촉감공간과 시공간에서 '환경'에 있는 물체에 나누어 준 선물과 같은 것이다.

만져서 느낀다는 것은 '장소'와 '방향성이 있는 걸음'을 결합해, 즉 촉감과 공간을 결합해 입체적 형상을 만들어 가는 과정이다. 많은 동물에서 촉감공간이 매우 우수한 기능을 수행한다. 쥐와 고양이는 시각을 잃더라도 촉각이 있는 수염(털)이 있는 한 전혀 장애 없는 활동을 보인다. 모든 야행성 동물 또는 굴속에서 사는 동물은 '장소'와 '방향성이 있는 걸음'이 융합되어 나타난 촉감공간에서 주로 살아간다.

시공간

눈이 없지만, 빛을 느낄 수 있는 피부를 가진 진드기 같은 동물은 빛 자극과 접촉 자극에 대한 장소 부호가 피부의 같은 부분에서 만들어질 것으로 예상할 수 있다. 즉 '환경'에서 시각적 위치와 접촉 위치가 한 곳으로 일치된다.

우선, 눈이 있는 동물에겐 시공간과 접촉공간은 분명히 서로 다르다. 눈의 망막에 매우 작은 기본 단위인 시각 요소들이 밀집되어 있다. 각각의 시각 요소에 하나의 장소 부호가 할당된다는 것이 밝혀졌으므로, 시각 요소 하나는 '환경'에서 하나의 장소에 해당한다.

그림 10. 곤충의 시공간

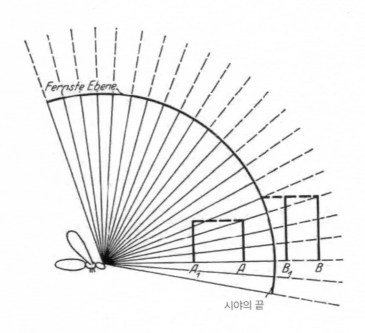

시야의 끝

왼쪽 그림은 날아다니는 곤충의 시공간을 나타내고 있다. 눈이 공 모양을 하고 있으므로 시각 요소에 잡히는 외부 세계의 범위는 먼 거리일수록 넓어지게 되고 외부 세계의 광범위한 부분이 하나의 장소(시각 요소)에 들어가게 된다. 그 결과 멀리 떨어진 물체일수록 점점 작아져서 결국엔 장소로부터 사라진다. 왜냐하면 장소는 공간을 넣을 수 있는 가장 작으면서 그 내부가 균일한 용기이기 때문이다.

물체가 작아지는 현상은 촉감공간에서는 없는 현상이다. 이 점에서 촉감공간과 시공간이 서로 다르다. 팔을 뻗어서 잡은 잔을 입으로 이동한다면 잔의 크기는 커진다. 그렇지만 촉감공간의 크기는 변화가 없다. 이 경우에 촉감공간이 시공간보다 더 우세한데, 보통 잔이 커지는 것이 잘 느껴지지 않기 때문이다.

손이 물건을 어루만지듯이 눈도 여기저기 둘러보며 '환경'의 모든 사물 위에 세밀한 '장소 모자이크'를 덮어씌우는데, 한 부분을 포착하는 시각 요소의 수가 많을수록 더 세밀한 모자이크가 된다.

동물의 종류에 따라서 시각 요소의 개수는 크게 다르므로 '장소 모자이크' 역시 동물에 따라서 큰 차이가 난다. '장소 모자이크'가 대충대충 만들어지면 사물의 세밀함은 감소할 것이다. 그래서 파리의 눈으로 본 세계는 사람의 눈으로 보는 세계에 비해서 매우 부정확한 것이 확실하다.

그림 11. 사람이 보는 거리 풍경

그림 12. 파리가 보는 거리 풍경

그림 13. 연체동물이 보는 거리 풍경

어떤 그림 위에 미세한 격자를 덮어 놓으면 그 그림을 '장소 모자이크'처럼 바꿀 수 있다. 이 방법을 사용하여 여러 동물의 눈에 보이는 '장소 모자이크'가 어떻게 서로 다른지 나타낼 수 있다.

같은 그림을 단계적으로 작게 만들면서 그림 위에 같은 크기의 격자 그물을 덮고 사진을 찍은 다음 그 사진을 확대하였다. 확대된 사진은 단계적으로 조잡한 모자이크로 바뀐다.

확대한 사진에서 모자이크 부분을 단순화 시켜 그림으로 그려 보았다. 이를 통해 시각 요소의 수에 따라 동물의 눈이 환경을 어떻게 바라보는지를 알 수 있다. 두번째 그림은 집파리의 눈이 만들어 내는 그림과 대략 같은 것이다. 이 그림에서 거미줄 같은 미세한 것은 전혀 나타나지 않으므로 거미는 자기 먹이(집파리)가 절대로 볼 수 없는 덫(거미줄)을 엮어 놓는다고 할 수 있다.

또 다른 그림은 연체동물의 눈으로 보이는 풍경과 대략 일치한다. 달팽이와 조개의 시공간은 단지 몇 개의 밝고 어두운 평면으로만 구성되어 있다.

촉감공간에서와 같이 시공간에서도 장소와 장소의 연결은 '방향성이 있는 걸음'을 통해서 이루어진다. 만약 돋보기를 보면서 어떤 물체를 해부한다면, 우리의 눈은 물론 해부용 핀을 움직이는 손이 모두 아주 세밀하고 짧은 '방향성이 있는 걸음'을 실행하는 것을 확인할 수 있다.

III

시야의 끝

우리는 태양이 달보다 지구로부터
멀리 있다는 것을 안다.
별 또한 저마다 지구와 거리가 다르다.

하지만 하늘을 보면 수많은 별이 서로 다른 위치에 있다는 것을 구별할 수 없다. 태양과 달은 우리의 눈에는 같은 '하늘'에 자리 잡고 있을 뿐이다.

이처럼 활동공간이나 촉감공간과는 달리 시공간은 통과할 수 없는 벽으로 둘러싸여 있다. 이 벽을 지평선(수평선) 또는 '시야의 끝'이라고 부를 수 있다. 태양, 달, 별들은 어느 것이 더 멀리 있다는 차이를 전혀 보이지 않고, '시야의 끝'에 펼쳐진 평면 위에서 움직인다.

그런데 '시야의 끝'의 범위는 항상 일정하게 정해져 있는 것이 아니다. 저자가 어렸을 때 장티푸스를 심하게 앓고 나서 처음 밖에 나갔을 때, 눈앞 20m 정도 떨어진 거리에 '시야의 끝'이 형성돼 있었다. 마치 색깔이 예쁜 벽지처럼 드리워져 있는 것 같았는데, 그 벽지에는 보이는 모든 것들이 그려져 있었다. 20m 밖의 물체는 가깝거나 먼 것보다는 크거나 작아 보이는 차이만 있었다. 방금 지나간 자동차도 '시야의 끝'에 도달한 다음에는 멀어지기보다는 작아진다고 느껴졌다.

사람 눈의 렌즈는 카메라의 렌즈와 기능이 같다. 눈앞에 있는 물체가 정확하게 망막에 초점이 맺히도록 하는 것이다. 렌즈는 신축성이 있어서 특수한 근육의 작용으로 렌즈를 수축할 수 있다. 이것은 사진기의 렌즈를 필름에 가까워지도록 당기는 것과 같은 효과가 있다. 렌즈 근육의 긴장이 풀어지면 먼 곳을 향하는 방향 부호(거리 감각)가 나타나고, 신축성 있는 렌즈 근육이 두꺼워지면 가까운 곳을 향하는 방향 부호가 대두된다.

근육의 힘이 빠져 완전히 늘어지면 10m 이상의 먼 거리에 초점을 맞춘다. 우리 눈은 본래 주변 10m 이내에서, 환경에 있는 물체는 근육의 움직임을 통해서 가까이 또는 멀리 있는지 알아본다. 이 범위 밖에 있는 물체는 단순히 더 커지거나 작아진 상태이다. 이 경

그림 14. 어린이가 사물을 보는 거리감은 어른이 보는 것과 다르다

계선이 젖먹이 아기에겐 모든 것을 둘러싸고 있는 '시야의 끝'으로써 가장 멀리 있는 시공간이다. 나이가 들면서 거리 감각은 '시야의 끝'을 점차 먼 곳으로 옮겨서 성인이 되면 시공간이 6 ~ 8km까지 확장되고 그 이상은 지평선이 된다.

어린이와 성인의 시공간의 차이는 그림에서 잘 나타내고 있는데, 이 그림은 헬름홀츠(Herman von Helmholz, 1821~1894)의 경험을 생생하게 표현하고 있다. 헬름홀츠가 어린 시절에 포츠담의 가르니손 교회를 지나가면서 회랑에서 일하고 있는 사람들을 보았다. 그때 그는 어머니에게 귀엽고 작은 인형을 꺼내달라고 하였다. 그의 시공간에서 교회와 일꾼은 이미 '시야의 끝'에 있으므로 멀리 있는 것들이 아니라 작은 것들로 인식되었다. 따라서 어머니의 긴 팔로 회랑의 인형(일꾼)을 집어 올 수 있다고 생각하였다. 어머니의 '환경'에선 교회의 크기가 완전히 다르고 회랑에 있는 것은 인형이 아니고 멀리 있는 사람이라는 것을 헬름홀츠는 몰랐다.

동물의 '환경'에서 '시야의 끝'의 위치를 측정하는 것은 어려운 일이다. 그 이유는 동물에게 접근하는 물체가 어느 지점부터 단순히 커지기만 하는 것이 아니라 가까워지는 것으로 느껴지는지를 실험할 수 없기 때문이다.

손으로 파리를 잡으려고 할 때 손이 약 50cm까지 접근하면 날아가 버린다. 그러므로 파리의 '시야의 끝'은 대략 이 거리에 있을 것으로 생각한다.

그런데 집파리를 관찰해보면 '시야의 끝'을 다른 방식으로 나타
낼 수 있음을 보여준다. 파리는 천장에 매달려 있는 램프나 샹들리
에 '주변'을 단순하게 빙빙 나는 것이 아니고, 등에서 50㎝ 정도 떨

그림 15. 사람이 보는 샹들리에(사진 위)와 파리가 보는 샹들리에(사진 아래)

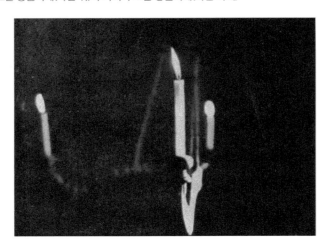

어진 위치에서는 나는 것을 일시적으로 중단하고 등 가까이 옆으로 또는 아래로 지나가는 것으로 알려져 있다. 마치 선원이 자신의 돛단배가 섬을 볼 수 없을 만큼 멀어지지 않도록 주의하는 것과 비슷하게 행동한다.

파리의 눈 구조는 시각 요소(감간분체)들이 기다란 신경세포 형태를 하고 있고 렌즈를 통해 들어온 모습이 신경세포 안의 다양한 깊이에 맺히도록 만들어져 있다. 깊이는 보는 대상과의 거리에 따라서 결정된다. 엑스너(Sigmund Exner, 1846~1926)는 이것이 사람의 렌즈기구에서 근육이 담당하는 기능을 하는 것으로 추측하였다.

시각 요소의 광학 장치가 보조 렌즈처럼 작용한다면, 특정 거리에 있는 샹들리에는 사라질 것이고 파리는 다시 샹들리에를 향하여 돌아갈 것이다. 샹들리에를 촬영한 두 개의 사진을 비교하면 이를 더욱 이해하기 쉽다. 위 사진은 보조 렌즈 없이 촬영한 것이고, 아래 사진은 보조 렌즈가 있는 경우에 보이는 모습일 것이다.

'시야의 끝'은 언제나 존재하여 시공간의 범위가 어떤 식으로든 제한된다. 그러므로 우리의 자연을 활기차게 만드는 모든 동물은(들판의 딱정벌레, 나비, 파리, 모기, 잠자리 등) 자신이 볼 수 있는 모든 것이 들어있는 폐쇄된 비눗방울 같은 시공간을 갖고 있다고 생각할 수 있다. 각 동물의 비눗방울 안에는 서로 다른 장소들이 있으며, 공간의 견고한 구조물 역할을 하는 '방향성이 있는 평면'도 들어있다. 날아다니는 새, 나뭇가지 위에서 뛰어다니는 다람쥐, 들판에서 풀을 뜯는 소 등이 모두 폐쇄된 비눗방울 속 공간에서 살고 있다.

우리가 이러한 사실을 생생하게 볼 수 있다면, 우리 인간 각자를 둘러싸고 있는 비눗방울이 있음을 깨닫게 될 것이다. 그리고 사람은 각자의 주관적인 감각 부호로 채워진 방울 안에 존재하므로 다른 사람의 방울과 겹치더라도 마찰이 생기지는 않는다. 동물(주인공)과 관계없이 독립적으로 존재하는 공간은 없다. 그런데도 우리는 모든 것이 한꺼번에 들어 있는 허구적인 하나의 세계공간이 있다고 굳게 믿는다. 그것은 아마도 이전부터 전해 내려온 생각으로 대화하면 서로의 의사소통이 더 쉽기 때문일 것이다.

IV

식별 시간

모든 동물이 물체를 감지하는 데
필요한 최소한의 존재 시간이 있다.
이를 '식별 시간'이라고 하는데, 흥미로운 것은
식별 시간이 동물마다 다르다는 점이다.

폰 베어(Karl Ernst von Baer, 1792~1876)에 의하면 시간이라는 것이 모든 생물에게 똑같은 것이 아니며, 오히려 시간은 동물이 만든 것이라고 하였다.

순간이 연속적으로 이어진 것이 시간이라면, 동물에 따라서 어떤 특정 기간에 경험하는 순간의 수가 서로 다를 수 있다. 즉 동물의 '환경'마다 시간이 서로 다르게 된다. 순간이란 느낄 수 있는 가장 짧은 시간, 말하자면 시간의 최소 단위를 표현한 것이므로 더 짧게 나누어지지 않는다.

사람의 경우 $\frac{1}{18}$초가 한순간에 해당한다. 그리고 모든 감각에 대하여 적용되는 순간 부호는 똑같으므로, 감각의 종류와 관계없이 순간의 길이는 같다. 1초에 18번 이상의 공기진동은 서로 분리되지 않은 이어진 소리로 들린다. 또 사람의 피부에 18번 이상 충돌하면 압력이 계속 가해지는 것으로 느낀다.

영화 기술에 의해서 외부세계의 움직임을 우리에게 익숙한 속도로 스크린에 투사할 수 있다. 이때 각각의 사진이 $\frac{1}{18}$초의 짧은 시간에 연속적으로 이어진다.

우리의 눈으로 볼 때 너무 빨리 지나가는 움직임을 추적하고 싶으면 고속촬영(시간 돋보기)을 활용한다. 1초당 보통보다 많은 수의 모습을 촬영한 것을 보통 속도로 상영하는 방식을 고속촬영이라고 한다. 이때 움직임의 과정이 원래보다 긴 시간이 걸리도록 연장하면 인간에게는 너무 빠른 과정을 - 새와 곤충의 날갯짓 등 - 생생하게 볼 수 있다. 고속촬영이 움직임을 늦게 만들 수 있는 것처럼 저속촬영(시간 모으기)은 움직임을 더 빠르게 할 수 있다. 어떤 사건의 경과를 1시간에 한 번씩 녹화하고 $\frac{1}{18}$초의 속도로 상영하면, 그 과정을 인위적으로 짧은 시간 안으로 모으는 결과가 되고 꽃이 피는 것과 같이, 사람의 기준에서 보면 지나치게 천천히 일어나는 과정이 익숙한 속도로 잘 보이게 된다.

만일 어떤 동물의 한순간이 인간보다 짧거나 길다면 그들의 '환경'에서 움직이는 과정이 더 느리게 또는 빠르게 흘러갈까? 독일의 한 젊은 과학자가

그림 16. 싸움 물고기는 빨리 움직이는 먹이를 잡을 수 있다

이 방면의 연구를 수행하였는데, 동료들의 도움을 받아서 싸움 물고기(투어)가 거울에 비친 자기 모습을 보면서 나타내는 반응을 조사하였다. 거울에 자신의 모습이 초당 18번 비치면 자신을 알아보지 못하였지만 30번 이상 비치면 알아보았다.

또 다른 연구자는 싸움 물고기를 길들여서 먹이 뒤에 있는 회색 원반이 돌아가면 먹이를 먹도록 하였다. 반면에 검은색과 흰색 부채꼴이 있는 원반을 천천히 움직이면 '경고판'으로 작용하게 하였다. 이때 먹이에 가까이 가면 가볍게 충격을 가해 먹이를 먹지 못하도록 길들였다. 그런데 경고판이 빠르게 돌아가서, 어느 속도에 도달하면 모호한 반응을 보이다 곧 정반대로 행동하였다. 이러한 반응은 검은색 영역이 $\frac{1}{50}$초 이내로 이어질 때부터 보였는데, 그때부터 검은색과 흰색으로 칠해진 경고판이 회색이 되었다.

이 실험을 통해서 확실하게 알 수 있는 사실은, 빨리 움직이는 먹이를 잡아먹는 싸움 물고기의 '환경'에서 먹이의 모든 움직임이 고속촬영 화면처럼 느리게 나타난다는 것이다.

저속촬영(시간 모으기)은 오른쪽 그림처럼 설명된다. 이 그림은 위에 언급한 연구에서 옮겨온 것이다. 고무공을 물 위에 띄워 놓아 잘 돌게 해 놓고 그 위에 식용 달팽이를 올려놓았다. 달팽이의 껍데기를 집게로 고정해 놓아서 달팽이가 계속 기어가도 제 자리에 있도록 장치를 만들었다. 그리고 옆의 다른 장치에 설치된 작은 막대기를 달팽이의 발밑에 가깝게 접근시켜 달팽이가 그 위로 올라가게 하였다. 이때 막대기를 흔들어 1초에 1 ~ 3번 충격을 주면 달팽이가 물러난다. 그런데 4번 이상의 충격이 주어지면 막대기 위로 올라가는 것을 중단하지 않는다. 즉 달팽이의 '환경'에서 1초에 4번 흔들리는 것은 흔들리지 않는 것과 같이 인식된 것이다. 이 실험을 통해서 달팽이가 느끼는 시간은 1초에 3~4개 사이의 순간이 흘러가는 속도임을 알았다($\frac{1}{3}$초는 느끼고, $\frac{1}{4}$초는 느끼지 못함). 결국 달팽이의 '환경'에서는 모든 움직임이 인간의 환경에 비해서 너무 빠르게 진행되고 있다. 그런데 우리 인간이 자신의 움직임이 느리지 않다고 느끼는 것처럼 달팽이도 자신의 움직임이 느리지 않다고 느낄 것이다.

그림 17. 달팽이는 빠르게 반복되는 충격을 감지하지 못한다

V

가장 단순한 환경

모든 동물이 물체를 감지하는 데
필요한 최소한의 존재 시간이 있다.
이를 '식별 시간'이라고 하는데, 흥미로운 것은
식별 시간이 동물마다 다르다는 점이다.

일반적으로 환경을 말할 때 다양한 생명체가 유기적으로 얽혀있는 공간, 그리고 생로병사라는 시간을 떠올리게 된다. 그런데 동물에게 공간과 시간이 의미를 갖기 위해서는 '환경'에 있는 수많은 표지가 서로 뒤섞이지 않고 따로따로 구분되어야 한다. 다시 말하면 시간과 공간에도 구조가 있어야 한다. 그러나 한가지 표지만 있는 아주 단순한 '환경'에서는 이러한 시공의 구조가 필요 없다.

그림은 짚신벌레(paramecium)의 '주변'과 '환경'을 보여주고 있다. 짚신벌레의 표면에 섬모가 조밀하게 나 있고 섬모 운동으로 물속에서 빠르게 움직이며, 몸은 축을 중심으로 계속해서 돌고 있다.

짚신벌레의 '주변'에는 많은 다양한 물체가 있지만, '환경'에는 장소나 방법과 관계없이 짚신벌레가 닿으면 도망가는 표지만 있다. 이 장애물 표지를 감지하면 언제나 똑같은 도망가는 움직임을

그림 18. 짚신벌레의 주변(왼쪽)과 환경(오른쪽) / 사진 오른쪽의 ⊕는 '양분'이며 ⊖는 '장애물'

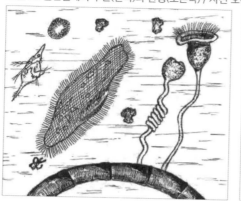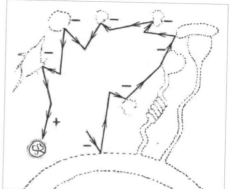

일으켜 후진, 측면으로 방향 전환, 전진 등으로 이어진다. 이 움직임을 통해서 장애물을 멀리 피한다. 이 경우에 짚신벌레가 감지한 표지는 도망가는 움직임에 의해서 지워진다고 할 수 있다. 짚신벌레가 자신의 먹이인 세균과 마주치면 아무 자극을 받지 않아서 안정된 상태가 유지된다. 이 사실은 단 하나의 기능 회로만 가져도 생명 현상이 체계적으로 일어날 수 있음을 보여준다.

이는 단세포 생명에서만 볼 수 있는 현상은 아니다. 해파리 같은 몇 종류의 다세포 동물도 하나의 기능 회로에 의존하여 살아가는 능력이 있다. 이 생물은 헤엄치는 펌프 장치로 이루어져 있는데, 미세한 플랑크톤으로 가득 찬 바닷물을 빨아들여 여과한 다음 밖으로 뿜어 버린다. 살아있는 해파리의 단 한 가지 모습은 탄력 있는 젤라틴으로 만들어진 우산처럼 생긴 몸통이 리듬감 있게 위로 솟구쳤다

가라앉는 움직임이다. 이 운동을 하면서 바다 표면을 헤엄치며 살고 있다. 동시에 보자기처럼 생긴 위(stomach)를 반복적으로 펼쳤다 오므리면서 작은 구멍을 통해 바닷물을 빨아들였다 내뱉는다.

위 안의 액체 상태의 내용물은 연결된 소화기관으로 옮겨지고 양분과 산소가 소화관 벽을 통하여 흡수된다. 몸통의 근육이 리듬감 있게 수축하여 헤엄치고, 먹고, 숨을 쉬고 있다. 이 운동이 잘 될 수 있도록, 가장자리에 있는 8개의 종(bell)처럼 생긴 기관의 추가 매번 신경 조직을 두드린다.

그 결과 생겨난 자극이 몸통을 뛰게 만든다. 이런 방식으로 해파리는 자신의 움직임을 지령하는데, 이를 통해서 같은 표지를 만나게 되고, 이는 다시 같은 움직임을 무한 반복하게 만든다.

해파리의 '환경'에서는 언제나 똑같은 종소리가 울려 퍼지고 그것이 생명의 리듬을 결정한다. 다른 자극은 모두 해파리에게 아무런 영향이 없고, 의미도 없다.

단 한 종류의 기능 회로만 있는 동물을 '반사 동물'이라고 하는데, 항상 똑같은 반사 작용이 종(bell)으로부터 우산처럼 생긴 몸통의 가장자리 근육 다발로 일어나고 있다. 어떤 해파리는 여러 종류의 반사 회로를 동시에 가질 수도 있으나, 이들이 서로 독립적으로 작용한다면 여전히 반사 동물에 속한다. 예를 들면 어떤 해파리는 촉수를 갖고 있는데 그 자체만의 반사 회로가 따로 있다. 그리고 몸통의 가장자리에 있는 수용체에 연결된 근육으로 독자적으로 움직이는 입 자루도 있다. 이 반사 회로들은 서로 관계없이 독립적으로 작동하고 이들을 총괄 지휘하는 중앙 기구는 존재하지 않는다.

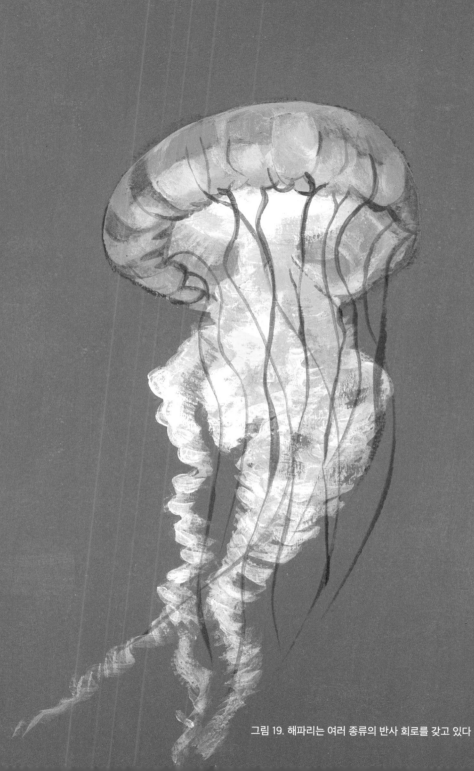

그림 19. 해파리는 여러 종류의 반사 회로를 갖고 있다

체외의 어떤 기관이 하나의 완전한 반사 회로를 갖고 있다면 이 것을 '반사체(Reflex person)'라고 부를 수 있다. 성게는 이와 같은 반사 체를 여러 개 갖고 있는데 이들의 반사 회로를 제어하는 중심기관 이 없다. 이런 종류의 동물과 고등동물 사이의 차이를 분명하게 묘 사하기 위해서 다음처럼 말할 수 있다. '개는 자기 다리를 움직여서 달려간다. 반면 성게는 다리가 움직이기 때문에 몸이 움직인다.'

고슴도치처럼 성게도 많은 가시를 갖고 있지만, 성게의 가시는 모두 제각각 독립적인 반사체로 만들어져 있다. 성게의 딱딱하고 뽀족한 가시는 석회질로 만들어진 피부의 둥근 관절에 붙어있고, 자기를 자극하는 가까이 있는 물체를 찌르기에 적합한 구조를 갖 는다. 그리고 부드럽고 긴 근육질의 흡수 빨판은 기어오르는 데 사 용한다. 그 밖에 성게에는 4종류의 집게(청소 집게, 접기 집게, 물기 집게, 독 집 게 등)가 더 있을 수도 있는데 이들은 각각의 목적에 맞게 사용되도 록 표면에 잘 분산되어 있다.

몇 가지 반사체가 함께 움직인다고 하더라도 이들은 서로 완전 히 독립적으로 작동한다. 불가사리가 성게를 공격할 때 내놓는 화 학물질에 반응하여 성게의 가시는 흩어지지만, 그 대신 독 집게가 앞으로 튀어나와 상대의 빨판을 물고 늘어진다.

이같은 현상은 각각의 반사체의 작동이 독립적이면서도 서로 충돌하지는 않는 것을 보여주는데, 이는 국가의 통제 시스템과 비 슷하여 반사 공화국(Reflex republic)이라고 표현할 수도 있다. 가까이 접근하는 물체를 모두 움켜잡는 날카로운 물기 집게가 자신의 부드러운 흡수 빨판을 공격하는 일은 한 번도 없다.

그렇지만 성게가 이렇게 자신을 공격하지 않는 것은 어떤 중앙 장치로부터 지시되거나 제어되는 것은 아니다. 사람의 경우에 날카로운 이빨은 언제나 혀를 물 수 있는 큰 위협이 된다. 그러나 중앙기관에 '아픔'이라는 표지가 나타나면 이빨의 위협적인 움직임이 일어나지 않게 된다. 고통은 고통을 유발하는 행위를 억제하기 때문이다.

성게의 '반사 공화국'에는 각각의 '반사체'가 높은 수준에서 조율하는 중앙기관이 없이 다른 방법으로 조율된다. 오토더민(Autodermin)이라는 물질이 성게의 피부 표면에 매우 낮은 농도로 존재하는데, 이 물질의 농도가 높아지면 '반사체'에 있는 수용체의 작용이 마비된다. 즉 외부 물체와 접촉할 때는 '반사체'가 작동하지만, 성게의 피부끼리 밀착되면 그 농도가 높아지고 그 결과 '반사체'는 마비되어 작동하지 않는다.

성게 같은 하나의 '반사 공화국'에는 수많은 '반사체'가 존재하는 만큼 자신의 '환경'에서 많은 표지를 식별할 수 있다. 각 표지는 서로 고립되어 있으므로 각각의 기능 회로도 서로 독립적으로 작용한다.

진드기의 경우에는 앞에서 설명한 바와 같이 세 가지 반사 작용을 통하여 생명을 유지하는데, 각각의 기능 회로가 서로 다른 반사

그림 20. 성게와 주변 환경(사진 위)과 성게가 보는 주변 환경(사진 아래)

회로를 쓰지 않고 하나의 인지 기관을 공동으로 사용하므로 더 고등한 모습을 보여준다. 진드기의 '환경'에서 공격 대상이 된 동물은 뷰티르산(낙산), 맛, 열 등 세 가지 자극으로 존재하지만 하나로 합쳐질 수 있다.

이러한 통합 반응이 성게에서 일어날 가능성은 없다. 다양한 크기의 압력과 화학적 자극들이 서로 완전히 관계없는 별개의 대상이 된다.

지평선이 어두워지면 많은 성게가 가시를 움직이는 반응을 보인다. 같은 반응이 구름, 배에 대해서도 일어나며, 성게의 진짜 적인 물고기에 대해서도 마찬가지이다.

그렇지만 아직 성게의 '환경'이 만족할 만큼 간단하게 설명되는 단계라고 할 수 없다. 성게가 시공간을 가진 것이 아니므로, 밖의 어둠을 인식한다고 말할 수는 없다. 단지 그늘(어둠)이 빛 감수성이 있는 피부 위를 가볍게 스쳐 지나가는 솜뭉치처럼 작용한 것이다. 이것은 그림으로 묘사할 수도 없다.

VI

동물이 알아보는 모습과 움직임

우리 인간은 어떤 물체의 모습과 움직임을
함께 결합하여 지각한다.
그런데 성게도 물체의 움직임을 알아볼까?

성게의 반사 작용을 일으키는 여러 표지에 장소 표시도 함께 있다
고 가정해도 여러 개의 다른 장소들이 서로 연결될 가능성은 없어
보인다. 그러므로 여러 장소가 결합한 '움직이는 모습'을 알리는 표
지는 성게의 '환경'에는 없는 것이 틀림없다.

'모습과 움직임'은 좀 더 높은 수준의 인지 작용이다. 경험을 통
해서 우리 인간의 '환경'에서는 어떤 물체의 모습이 일차적으로 주
어진 표지이고, 때때로 움직임이 두 번째 표지로 더해지는 것으로
생각되어 왔다. 그러나 이 생각은 많은 동물의 '환경'에서는 맞지
않는다. 동물에게는 정지된 모습과 움직이는 모습이 서로 전혀 관
계없는 두 개의 표지일 뿐만 아니라, 모습과 관계없이 움직임만으
로도 독자적인 표지가 될 수도 있다.

그림은 갈까마귀가 메뚜기를 사냥하는 장면을 그린 것이다. 갈

그림 21. 갈까마귀는 움직이는 형체만을 표지해 사냥한다

까마귀는 움직이지 않고 있는 메뚜기를 전혀 볼 수 없고 메뚜기가 껑충 뛰어오를 때만 덥석 문다.

여기에서 다음과 같은 추측을 할 수 있다. 갈까마귀는 움직이지 않는 메뚜기의 모습을 잘 알고 있지만, 풀줄기와 섞여 있어서 메뚜기를 한 마리씩 구별하지 못한다. 마치 숨은그림찾기 놀이에서 우리가 아는 모습을 찾아내기 어려운 것과 같다. 이 해석에 따르면 메뚜기가 펄쩍 튀어 오르면서 그 모습이 '주변' 그림의 방해에서 벗어나는 것이다.

그러나 더 많은 관찰을 통하여 다음과 같은 사실을 알 수 있었다. 갈까마귀는 움직이지 않는 메뚜기는 전혀 알아보지 못하며 대신 오직 움직이는 형체만 겨냥하게 되어 있다. 이것은 많은 곤충이 '죽은 척'하는 이유가 될 것이다. 정지된 모습이 포식자에게 표지가 아예 될 수 없다면 죽은 척함으로써 포식자의 탐색에서 확실하게 벗어나게 될 것이다.

완두콩을 아주 가는 실에 매달고 짧은 막대기에 연결하여 파리 잡는 낚싯대를 만들었다. 완두콩에 끈끈이를 바르고 파리가 많이 앉아 있는 양지바른 창문턱 앞에서 완두콩을 이리저리 흔들면 여러 마리의 파리가 완두콩에 돌진하고 그중 몇 마리는 완두콩에 붙어있게 된다. 나중에 이 붙어있는 파리들은 모두 수컷임을 알 수 있다. 이 파리 낚시는 바로 가짜 짝짓기 비행을 묘사하는 것이다. 샹들리에 주변을 맴도는 파리들 역시 지나가는 암컷에게 돌진하는 수컷들이다.

수컷 파리에겐 이리저리 흔들리는 완두콩이 날아다니는 암컷과 비슷하게 보이며 움직이지 않으면 암컷으로 취급되지 않는다. 결론적으로 움직이지 않는 암컷과 날고 있는 암컷은 두 개의 서로 다른 표지이다.

그림은 가리비 '주변'과 '환경'을 대비시킨 것으로, 형태는 제외되고 움직임만 표지 역할을 하는 경우를 보여주고 있다. 가리비 '주변'에 불가사리 한 마리가 가리비의 수많은 눈이 볼 수 있는 거리에 있다. 불가사리는 움직이지 않는 한, 가리비 조개에게 아무런 영향을 미치지 않는다. 불가사리의 특징적인 형태는 가리비 조개가 알아보는 표지가 전혀 아니다.

그림 22. 가리비 조개는 불가사리의 움직임으로 그 존재를 인식할 수 있다

그러나 불가사리가 움직이면 즉시 후각기관인 긴 촉수를 불가사리 쪽으로 내밀어서 냄새를 받아들인다. 그리고 자기 몸을 위로 세우고 헤엄쳐서 그 자리로부터 도망친다.

실험에 의하면 가리비의 '환경'에서 움직이는 물체의 형태와 색깔은 전혀 관계없고 불가사리 정도로 느리게 움직이는 속도만이 표지 역할을 한다. 즉 가리비 조개의 눈은 외부 대상의 형태나 색깔에 초점을 맞추지 않고 천적이 움직이는 속도만 겨냥하고 있다.

그렇지만 이것만으로 천적을 확실히 구분하지 못하기 때문에 냄새 표지가 더해져야 한다. 이 두 번째 기능 회로가 작동하여 천적 가까이 있는 가리비를 도망가게 하고, 이 움직임을 통해서 포식자라는 표지를 확실하게 지워 버린다.

우리는 오랫동안 지렁이의 '환경'에 물체의 형태에 대한 표지가 있을 것으로 생각해 왔다. 일찍이 다윈(Charles Darwin, 1809-1882)도 지렁이가 나뭇잎과 소나무 잎을 다르게 다루는 것을 주목하였다. 오른쪽 그림을 보면 지렁이가 넓적한 나뭇잎이나 소나무의 뾰족한 잎을 자신의 좁은 땅 구멍에 집어넣으려고 끌어당긴다. 이들은 양분을 얻거나 자신의 방어를 위해 필요하다. 넓은 나뭇잎의 잎자루 부분을 먼저 밀어 넣으면 구멍에 걸려서 잘 들어가지 않는다.

반대로 이파리 끝의 뾰족한 부분부터 구멍에 넣으면 저절로 말리면서 별 저항 없이 구멍 안으로 들어간다. 한편 뾰족한 잎 두 개가 붙어있는 모양의 소나무 잎은 끝부분이 아니라 잎자루를 잡고 구멍에 끼워 넣으면 쉽게 들어간다.

그림 23. 지렁이가 나뭇잎의 한쪽 끝만 잡아당기는 모습

지렁이가 넓적한 잎과 뾰족한 잎을 어려움 없이 잘 다루므로 지
렁이의 활동에 결정적으로 중요한 잎의 형태가 지렁이가 알아보는
표지라고 어렵지 않게 확신하였다.

그러나 이 가정은 틀린 것으로 밝혀졌다. 다른 실험에서 지렁이가 젤라틴에 담가 놓았던 같은 모양의 작은 막대기들을 양쪽 끝을 구분하지 않고 자신의 구멍으로 끌어당기는 것을 볼 수 있었다. 그런데 한쪽은 마른 벚나무 잎 끝부분의 가루를 바르고 반대쪽은 잎 기부(엽저)의 가루를 바르면 막대기의 양쪽 끝을 마치 벚나무 잎의 끝 또는 기부인 것처럼 따로따로 구분하였다.

지렁이가 나뭇잎을 그 형태에 따라서 다루기는 하지만, 그것은 형태가 아니라 맛에 따라 행동하는 것이다. 이 적응 방식은 아마도 지렁이의 인지 기관이 형태를 분별하기에는 너무 단순하기 때문일 것이다. 이 예는 극복할 수 없을 것 같은 어려움에 자연이 어떻게 대응하는지를 잘 보여준다. 즉 지렁이에게 형태를 알아보는 능력은 없는 것이다. 그렇다면 '어떤 동물부터 형태가 표지된 환경을 가진다고 볼 것인가?'라는 의문이 생길 수밖에 없다. 이 질문은 나중에 해결되었다. 꿀벌의 경우에 별이나 십자가 같이 열린 형태에 잘 앉고, 원이나 사각형 같은 닫힌 형태는 피하는 것으로 알려져 있다.

오른쪽 그림에서 꿀벌의 '주변'과 '환경'을 서로 대비시켜 나타냈다. 꿀벌의 '주변'에 들판이 있는데, 그곳에는 활짝 핀 꽃들이 꽃봉오리들과 함께 뒤섞여 있다. 벌의 '환경'에서는 꽃은 그 모습에 따라 별이나 십자 형태로 변환되고 꽃봉오리는 폐쇄된 원 모양으로 받아 들여진다. 이러한 꿀벌의 특성이 어떤 생물학적 의미가 있는지는 간단하게 알 수 있다. 꿀벌에게 꽃봉오리는 아무 의미가 없고 꽃만 의미가 있다. 앞서 진드기의 경우에서 알 수 있었듯이 '환경'

그림 24. 꿀벌 주변의 꽃 모습

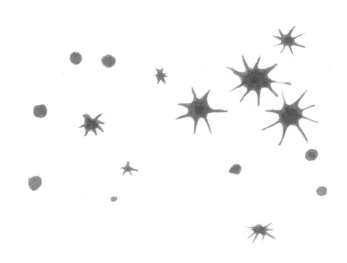

그림 25. 끌벌에게 의미있는 꽃의 윤곽

을 연구한다면 의미 관계를 파악하는 것만이 확실한 길잡이가 된다. 열려있는 모습이 꿀벌에게 생리적 효과가 더 있는지는 전혀 중요하지 않다.

　위와 같은 연구를 통해서 '모습 문제'가 이해하기 쉽게 되었다. 인지 기관에서 장소를 표시하는 세포는 두 그룹으로 나누어지는데, 하나는 '열린' 테두리를 향하는 것이고 다른 하나는 '닫혀있는' 테두리를 향하는 것이다. 그 외의 다른 구별은 존재하지 않는다. 최근에 행해진 연구에 의하면 대상의 테두리를 식별하고 거기에 색깔과 냄새를 가득 채우면 일반적으로 알고 있는 '보이는 모습'이 만들어진다. 지렁이와 가리비 조개, 진드기는 위와 같은 테두리 부호를 갖고 있지 않으므로 이들의 '환경'에 '보이는 모습'이 있다고 할 수는 없다.

VII

목표를 향한 행동과 설계도에 의한 행동

우리는 인간의 삶이 목표를 계속 바꾸면서
힘들게 나아가는 것에 익숙하므로
동물의 삶도 그럴 거라고 믿고 있다.
그런데 이 생각은 현재까지 행해진 연구를
잘못된 방향으로 이끌어 가게 만든
근본적인 원인이다.

실제로 아무도 성게나 지렁이에게 목표를 떠맡기지 않는다. 그런데도 앞에서 진드기의 삶을 설명하면서 먹잇감을 숨어서 기다린다고 묘사하였다. 이런 표현은 순전히 자연의 설계도에 의해 진행되는 진드기의 삶에다 비록 고의는 아니지만, 인간의 소소한 일상을 섞어 넣은 것이다.

따라서 우리가 '환경'을 관찰할 때 가장 주의해야 하는 것은 '목표'라는 잘못된 생각을 없애는 것이다. 그것은 동물의 삶을 자연의 설계도라는 관점에서 정리함으로써 가능해진다. 고등동물의 특정 행위에 어떤 목표가 있는 것으로 밝혀질 수도 있으나 그조차도 종합적인 자연 설계도에 들어간다.

모든 동물에게 어떤 목표를 겨냥한 행위는 존재하지 않는다. 이것을 증명하기 위하여 잘 알고 있는 '환경' 몇 가지를 자세히 살펴

그림 26. 박쥐의 고음 소리에
화려한 색상의 나방은 도망
가지만, 보호색을 가진 나방
은 표면으로 내려앉는다.

볼 필요가 있다. 저자가 다른 연구자의 도움으로 알게 된, 나방이 인지하는 소리에 대한 지식을 바탕으로 그림을 만들었다.

왼쪽 그림이 암시하는 바와 같이, 나방을 향해서 박쥐 소리가 나는 것과 손으로 병마개를 비벼서 소리를 내는 것이 항상 같은 효과를 보인다. 눈에 잘 띄는 밝은색 나방은 고음 소리에 날아가 버리고 보호색을 띠고 있는 나방은 같은 소리가 나면 내려앉는다. 같은 표지에 대하여 정반대로 반응하는 것이다. 이 두 가지 상반되는 대처 방식은 고도로 조직적인 것이 분명하다.

이때 어떤 나방도 자신의 피부색을 본 적이 없으므로 색 구별이나 목표 설정 같은 말로 이 행동을 설명하지는 못한다. 정교하게 만들어진 나방의 청각기관이 박쥐의 고음 하나만을 감지하기 위하여 존재한다는 사실을 안다면, 이 조직적인 행동은 우리를 더욱 감탄하게 만든다. 이 나방들은 다른 소리는 전혀 듣지 못한다.

'목표'와 '설계도' 사이의 대립 관계는 파브르(Jean-henri Fabre, 1823-1915)의 멋진 관찰에 이미 분명히 나와 있다. 참나무산누에나방 암컷을 흰 종이 위에 올려놓고 한동안 머물러 있게 하였다. 그리고 종이 옆에 있는 종 모양의 투명한 유리 뚜껑 속으로 암컷을 옮겨 놓았다. 밤이 되자 이 나방의 수컷들이 무더기로 창문을 통해 날아 들어와 흰 종이 위로 몰려들었다. 그런데 그 옆 유리 뚜껑 안에 있는 암컷에 관심을 가지는 수컷은 단 한 마리도 없었다. 파브르는 어떤 종류의 물리 화학적 작용이 종이에서 일어나는지 조사하지 못했다.

그림 27. 스피커 앞에 모인 귀뚜라미

이와 관련해서, 메뚜기와 귀뚜라미를 대상으로 수행한 실험 결과가 훨씬 더 많은 것을 알려준다.

그림을 통해 그 실험을 설명한다. 방안에서 귀뚜라미 한 마리가 마이크 앞에 활기차게 울고 있다. 옆 방에는 이성 친구들이 마이크에 연결되어 있는 스피커 앞에 모여 있는데, 바로 옆에 있는 투명한 유리 뚜껑 안에서 울고 있는 이성에게는 조금도 관심을 보이지 않는다. 유리 뚜껑 안의 귀뚜라미가 헛되이 내는 소리는 밖으로 퍼져 나가지 못하므로 이성 친구가 가깝게 접근할 가능성이 없다. 보이는 모습은 아무런 효과가 없다.

위의 두 실험은 같은 사실을 가르친다. 즉 목표물을 보고 쫓아가는 것이 아니다. 수컷들이 하는 이상한 행동을 설계도를 기반으로 분석한다면 쉽게 이해된다. 두 경우는 모두 하나의 표지가 하나의 기능 회로를 작동시킨 것이다. 그러나 정상적인 실제 대상이 배제되어 있으므로 그에 알맞은 행동이 일어나지 않으며 이성 표지도 지워지지 않는다. 정상적인 경우라면 이성 표지가 사라지고 다음 표지가 작용하여 두번째 기능 회로를 작동시켰을 것이다. 두번째로 작용하는 표지가 무엇인지 알기 위해서는 더 자세한 연구가 필요하다. 어쨌든 짝짓기에서 차례대로 사용되는 여러 기능 회로가 있는 것은 분명하다.

이제 곤충에서 목표를 보면서 뒤쫓는 행위를 찾을 필요는 없다. 진드기에서 이미 설명한 바와 같이 곤충은 정해진 표지가 있는 자연 설계도에 의해 직접 지배된다. 그러나 닭장에서 어미 닭이 병아리를 돕기 위해 하는 행동을 보아온 사람이라면 목표를 향한 행동이 있음을 의심하지 않을 수도 있다. 매우 우수한 다음 실험을 통하여 그 문제에 대한 완벽한 통찰력을 얻게 되었다.

병아리의 두 발을 하나로 묶어서 삐악삐악 소리가 크게 나게 하면 병아리가 보이지 않아도 어미 닭은 즉시 깃털을 곤두세우고 소리 나는 쪽으로 쫓아간다. 병아리를 보는 즉시 가상의 적을 향해 격렬하게 쪼아버리는 행동을 취한다. 그러나 묶여있는 병아리를 어미 닭 눈앞에 있는 투명한 유리 뚜껑 안에 넣어 두면, 즉 병아리를

그림 28. 보이지 않는 병아리의 삐악 소리에 반응하는 어미 닭

그림 29. 병아리를 볼 수 있어도 삐악 소리를 듣지 못하면 반응하지 않는 어미 닭

볼 수는 있어도 삐악 소리를 들을 수 없게 되면, 병아리의 모습이 암탉을 전혀 화나게 하지 않는다.

이 경우도 역시 목표를 향한 행위와는 관계없는 것이며 여러 기능 회로의 연쇄작용이 끊어진 것과 관계된 것이다. 삐악삐악 우는 소리는 보통 병아리가 적의 공격을 받을 때 내므로 적이 있음을 간접적으로 알리는 표지이다. 이 표지는 설계도에 따라 적을 몰아내는 행동, 즉 부리로 쪼는 행위를 함으로써 없어진다. 몸은 버둥대지만, 소리를 내지 못하는 병아리는 어떤 특별한 행위를 유발하는 표지가 전혀 아니다. 이는 어미 닭이 병아리를 묶고 있는 줄을 풀 수 있는 행동을 할 수 없다는 사실을 생각한다면 매우 당연하다고 할 수 있다.

어미 닭은 더욱 특이하며 시각적 목표가 없는 행동을 보여주기도 한다. 검은색 암탉이 흰색 닭이 낳은 여러 개의 알과 함께 자신의 까만 알 하나를 품었다. 그런데 자신의 피와 살이 섞인 까만 병아리에 대하여 이치에 맞지 않게 행동하였다. 까만 병아리가 삐악거리면 서둘러 달려가서 흰 병아리 사이에서 까만 병아리를 찾아내 찔러댔다. 어미 닭에서 까만 병아리의 소리와 모습에 맞지 않는 기능 회로가 활성화된 것이었다. 아무래도 어미 닭의 '환경'에서 까만 병아리의 두 표지가 하나의 대상으로 융합되지 못한 것 같았다.

VIII

보이는 모습과 작동하는 모습

우리는 흔히 동물이 '본능'에 따라 행동한다고 한다.
하지만 동물의 목표와 자연의 설계도를 서로
대비시켜보면 '본능'이라는 용어를 사용할 필요가
없어진다. 본능은 동물의 행동에 관해서
아무것도 제대로 설명하지 못한다.

떡갈나무 열매가 떡갈나무가 되려면 본능이 있어야 하는가? 또는 뼈세포 무리가 본능적으로 작동하여 뼈가 되는가? 자연을 지배하는 요인이 본능이 아니라 자연 설계도라고 한다면, 거미줄을 치거나 새가 둥지를 만드는 행동도 자연 설계도에 의한 것임을 깨닫게 된다. 이 두 경우가 모두 한두 마리의 개별적인 목표가 있는 행동일 리 없기 때문이다.

개별적인 차원을 뛰어넘는 자연 설계도는 어떤 구체적인 물질이나 힘이 아니어서 잘 이해되진 않는다. 그렇다고 그 대안으로 '본능'을 생각한다면 그것은 임시방편일 뿐이다.

분명하고 구체적인 예를 통하여 '설계도'라는 개념을 쉽게 이해할 수 있다. 벽에 못을 박는다고 하자. 못을 박으려면 못의 위치, 곧 설계도가 필요하고 망치가 있어야 한다. 망치가 없으면 설계도가 좋아도 소용이 없고, 설계도 없이 우연에만 의지한다면 아무리 좋은 망치라도 무용지물이다. 망치로 손가락을 찧게 된다.

자연이 움직이는 전제조건, 즉 설계도가 없다면 자연에는 질서는 없고 혼돈만 있을 것이다. 모든 크리스탈(결정)이 자연 설계도에 의해서 만들어진 것이다. 물리학자는 보어(Niels Bohr, 1885-1962)의 아름다운 원자 모델을 보여주면서 자신이 연구하는 물리학적 자연의 설계도를 설명한다.

'환경'을 탐구해 보면 자연 설계도가 실제로 작용한다는 사실이 분명해진다. 이것을 좇아서 밝혀내는 일이 우리를 즐겁게 만들므로 여러 '환경'을 살펴보면서 논의를 계속하겠다.

다음 페이지 그림은 소라게(집게)에 관한 연구 결과를 간략하게 나타낸 것이다. 소라게가 보는 모습은 매우 단순한 도식의 입체 모

그림 30-1. 말미잘을 빼앗긴 소라게

그림 30-2. 집이 필요한 소라게

그림 30-3. 먹이가 필요한 소라게

양인 것으로 밝혀져 있다. 원통형 또는 원뿔꼴 테두리를 가진 일정한 크기의 물체가 소라게에게 의미 있는 물체로 보인다. 그림에서 짐작할 수 있는 바와 같이 똑같은 원통형 물체(그림에서는 말미잘)가 보이지만 소라게가 처해 있는 상황에 따라서 그 의미가 달라진다.

왼쪽 그림에 있는 소라게와 말미잘은 모두 같은 것들이다. 첫 번째 그림은 자신이 들어가 있는 소라 껍데기 위에 있던 말미잘을 빼앗긴 경우이다. 두 번째 그림은 소라 껍데기마저 빼앗긴 경우이고, 세 번째 그림은 소라 껍데기와 말미잘을 모두 지니고 있지만, 오랫동안 굶고 있는 소라게이다.

세 경우의 소라게는 모두 다른 상황에 있고 그에 따라서 말미잘이 갖는 의미가 달라진다. 첫 번째 그림에서, 말미잘이 소라 껍데기 위에 붙어 있으면 오징어의 공격을 막아주는 역할을 할 수 있다. 즉 말미잘이 '방어 도구로의 쓰임새'를 갖는다. 그것이 소라게가 말미잘을 자기 집(소라 껍데기)에 얹어 놓는 행위로 표현된다.

두 번째 그림처럼 소라게가 집으로 활용하던 소라 껍데기마저 빼앗긴다면 말미잘은 '집으로의 쓰임새'를 가지게 되어 비록 헛수고이지만 소라게가 말미잘 안으로 들어가려고 노력한다. 세 번째 경우는 배고픈 소라게에게 말미잘은 '먹이로의 쓰임새'를 가지게 되어서, 소라게가 말미잘을 먹기 시작한다.

이 관찰은 절지동물인 게 조차도 감각 기관을 통해 지각된 대상의 '보이는 모습'을 자신의 행위가 '작동하는 모습'으로 보완하거나 바꿀 수 있다는 것을 보여준다.

이러한 기묘한 상황을 이해하기 위한 실험이 개를 상대로 수행되었다. 실험의 의도와 결과는 분명하다. 개는 '의자'라는 명령을 받아 자기 앞에 있는 의자에 뛰어올라 앉는 훈련을 받았다. 만약 의자를 치워 놓고 같은 명령을 내리면 '앉는' 행위를 할 수 있는 모든 물건을 의자로 여기고 그 위에 올라앉았다. 베개, 책장, 뒤집힌 발판 등이 '의자로의 쓰임새'를 받았다. 단 그것은 개에게 적용되는 것이고, 사람은 제대로 앉을 수 없는 이 물건들은 사람으로부터는 '의자로의 쓰임새'를 전혀 얻지 못한다.

마찬가지로 개가 '탁자'와 '바구니' 같은 물건에 하는 행동을 보면 이 물건들에 어떤 독특한 느낌이 주어지는지를 알 수 있었다.

이 같은 행동은 사람을 예로 들어서 가장 정확하게 밝힐 수 있다. 우리는 어떻게 의자를 보면 앉는 것을 생각하고 잔을 보면 마시는 것을 생각하며 사다리를 보면 타고 올라가는 것을 생각하나? 이것은 절대로 보는 감각만으로 결정되지 않는다. 우리가 잘 쓰고 있는 물건의 모양과 색깔을 분명하게 보는 것처럼 그 물건을 가지고 할 수 있는 일의 성과도 확실하게 알고 있다.

나는 아프리카 오지에서 탄자니아의 수도인 다르에스살람으로 젊고 머리가 매우 좋은 유능한 흑인 청년을 데려온 적이 있었다. 그 청년은 유럽에서 일반적으로 사용하는 물건에 대해서는 잘 몰랐다. 내가 그에게 짧은 사다리를 타보라고 지시했을 때 그는 "막대기와 구멍만 있는데 어떻게 해야 하는지요?"라고 나에게 물었다. 그

때 다른 흑인이 사다리 타는 법을 보여주자 금방 따라 할 수 있었다. 그 다음부터는, 그 청년이 보는 '막대기와 구멍'은 올라가는 쓰임새가 더해져서 언제나 사다리로 인식되었다. '막대기와 구멍'인 '보이는 모습'에 그 물건의 성능인 '작동하는 모습'이 보완되어 새로운 의미가 만들어졌고, 이것은 성능 또는 '쓰임새'라는 새로운 특성으로 나타난다.

위 경험을 통해서 '환경'에 있는 물체가 보여줄 수 있는 성능에 알맞게 '작동하는 모습'이 만들어진다는 사실에 주의를 기울이게 되었다. 그 '작동하는 모습'은 '보이는 모습'과 밀접하게 합쳐져서 물건의 의미, 즉 '쓰임새'라는 새로운 특성이 된다.

한 물체가 여러 가지 일을 수행한다면 그만큼 다양한 '작동하는 모습'이 있다는 것이다. 즉 하나의 '보이는 모습'에 여러 가지 쓰임새가 적용된다. 사람이 가끔 의자를 폭력에 사용할 때 몽둥이로 쓰이는 '작동하는 모습'을 새롭게 갖는다. 소라게와 마찬가지로 어떤 종류의 '작동하는 모습'이 '보이는 모습'에 부여되는지는 인간이 처한 감정 상황에 따라서 결정된다. 많은 행동을 지배하는 중심기관이 있는 동물에만 '작동하는 모습'이 있다고 생각할 수 있다. 반사작용으로만 움직이는 성게 같은 동물은 여기에서 제외된다. 그렇더라도 소라게 수준의 동물에서도 존재할 만큼 동물 세계에 꽤 넓게 퍼져있다.

인간과 관계가 먼 동물의 '환경'을 상세히 설명하기 위하여 '작동하는 모습'을 제대로 활용하려면, 그것이 '환경'을 향한 동물의 업적임을 잊지 말아야 한다. 성과에 따른 '쓰임새'가 더해진 '보이는 모습'이 비로소 의미가 있게 된다. 그러므로 어떤 동물의 '환경'에서 생존에 필요한 중요한 대상이 무엇인지 알려면, 감각을 통해 주어진 '보이는 모습'과 '쓰임새'가 결합한 완전한 의미를 파악해야 한다.

진드기의 경우에, 비록 입체적인 '보이는 모습'이라고 할 수는 없지만, 먹잇감에서 진드기로 전달된 세 가지 중요한 자극이 갖는 의미는 '떨어지기', '돌아다니기', '구멍 뚫기'라는 쓰임새에 의해 생긴다. 물론 진드기의 수용체가 정해진 자극만 골라 받아들이는 것이 중요하지만, 자극과 결부된 쓰임새가 있어서 그의 행동이 실수 없이 확실하게 진행된다.

우리는 자연에서 동물이 해 놓은 일을 쉽게 알아볼 수 있고 그로부터 동물이 '작동하는 모습'도 추측해내므로, 처음 접하는 동물일지라도 그의 '환경'에는 어떤 물체가 존재하는지 분명하게 알 수 있다.

잠자리가 어떤 나뭇가지에 앉기 위해 날아간다면, 그 나뭇가지는 '환경'에 있는 단순한 하나의 '보이는 모습'이 아니라 '앉는 자리로의 쓰임새'도 강하게 갖고 있어서, 많은 나뭇가지 중에서 먼저 선별된 것이다. 쓰임새를 함께 고려하면 비로소 '환경'이 동물에게 놀랍도록 매우 안전함을 알게 된다. 동물이 '환경'에서 할 수 있는 일의 종류만큼 여러 물체를 분별할 수 있다고 말해도 된다. 어떤 동물이 하는 일이 적다면 '작동하는 모습'도 적다. 따라서 그 동물은 적은 수의 몇 가지 물체만으로 이루어진 '환경'에서 사는 것이다. 그 결과 환경은 단순해졌지만, 동물은 더욱 안전하게 생존하게 된다. 왜냐하면, 적은 종류의 물체에 익숙해지기가 더욱 쉽기 때문이다. 만약 짚신벌레의 '작동하는 모습'이 한 가지만 있다면 그의 '환경' 전체에는 오직 한 종류의 물체만 존재하며, 이들은 모두 똑같이 장애물로의 쓰임새만 갖고 있다. 실제로는 여러 가지 물체가 존재하지만, 짚신벌레에겐 모두 똑같은 장애물이므로 부딪치면 방향을 돌려 도망간다. 아무튼, 이 '환경'에서 짚신벌레는 가장 안전하다.

동물의 활동이 많아지면 그 동물의 '환경'에 포함된 물체의 수도 같이 증가한다. 경험을 쌓을 줄 아는 동물은 살아가는 동안에 물체의 수가 증가한다. 왜냐하면, 새로운 경험이 있을 때마다 새 느낌과 동물의 상호관계가 따로 만들어지기 때문이다. 새 쓰임새가 결합한 '보이는 모습'이 새롭게 만들어진다. 이러한 사실은 개를 보면 특히 잘 알 수 있다. 개는 사람이 사용하는 몇 가지 물건을 자신도 사용하면서 물건 다루는 법을 배운다. 그렇지만 개가 사용하는 물건의 수는 사람에 비하면 매우 적다.

다음 페이지들의 그림을 보면 이같은 현상을 분명하게 이해할 수 있다. 세 가지 그림 모두 같은 방을 그린 것인데 방 안의 물건들이 사람, 개 또는 집파리의 서로 다른 쓰임새에 따라 다른 색으로 표시되었다.

그림 31-1. 사람이 보는 방안 풍경

그림 31-2. 개가 인식하는 방안 풍경

그림 31-3. 파리가 인식하는 방안 풍경

사람의 '환경'에서 의자는 앉는 쓰임새(갈색), 탁자는 음
식 먹는 쓰임새(밝은 핑크), 유리잔과 접시는 각각의 쓰임새
에 따라 빨강(마시는 쓰임새)과 핑크(먹는 쓰임새)로 묘사되었다.
방바닥은 걷는 쓰임새, 책장은 읽는 쓰임새(파랑), 교탁은
쓰는 쓰임새(노랑)가 있음을 표시한다. 벽은 장애물로의 쓰
임새(녹색) 그리고 전등은 밝게 하는 쓰임새(흰색)를 갖는다.

개의 '환경'에서 사람과 비슷한 작동 방식은 같은 색으
로 표현하였다. 다만 적은 수의 물체에만 먹는 쓰임새, 앉
는 쓰임새 등이 있다. 나머지 물체들은 모두 장애물로의
쓰임새를 보여준다. 윗면이 미끄러운 회전의자는 개에게
는 앉는 쓰임새가 되지 못한다.

그림 32. 파리는 주변의 모든 물체를 걷다가, 미각기관이 양분의 자극을 받으면 그 자리에 멈춘다

마지막으로 집파리에게 전등과 탁자 위의 물체들을 제외한 나머지는 모두 걸어 다니는 쓰임새를 갖고 있다. 집파리와 전등에 대해서는 앞서 언급한 적이 있었다.

집파리가 방안 공간에서 어떻게 길을 찾아 움직이는지 그림에서 자세히 설명하였다. 뜨거운 커피가 들어있는 커피포트를 탁자 위에 놓아두면 따뜻함에 끌린 파리가 모여든다. 파리는 걸어 다니는 쓰임새를 가진 잔 받침 위를 이리저리 돌아다닌다. 그러다가 집파리의 발에 있는 미각기관이 양분의 자극을 받으면 주둥이가 삐죽 튀어나오며 그 자리에 멈춘다. 반면에 다른 모든 물건 위에서는 계속 걸어 다니기만 한다. 이렇게 집파리의 주변 공간에서 '환경'을 골라내는 것은 매우 쉬운 일이다.

IX

익숙한 길

낯선 장소에서 그곳을 잘 아는 가이드의 안내를
받을 때, 사람의 '환경'이 다양하다는 것을
가장 쉽게 이해할 수 있다. 가이드는 분명히
우리 스스로는 알아낼 수 없는 길을 따라간다.

'주변'에는 수많은 나무와 바위가 있지만, 가이드의 '환경'에선 몇몇
선택된 나무와 바위가 앞뒤로 연결되어 길 안내판 역할을 한다. 그
런데 이 물체들에는 길을 알려주는 아무런 표시가 없다.

　각각의 동물마다 '익숙한 길'이 서로 다르며 이는 '환경'과 관련
된 대표적인 주제이다. '익숙한 환경'은 활동공간과 시공간이 함께
관련되어 있다. '익숙한 길'을 설명하다 보면 이 사실이 금방 이해
된다. 예를 들어, '빨간 집에서 오른쪽으로 돌아 똑바로 100 걸음 간
다음 왼쪽으로 더 가시오'라고 하자. 여기에서 길을 설명하기 위하
여 세 가지 서로 다른 표지를 이용한다. 첫째는 '시각'이며, 둘째는
공간 좌표계에서 '방향성이 있는 면', 즉 면의 방향이다. 그리고 세
번째로 '방향성이 있는 걸음'이 그것이다. 여기에서 걸음은 가장 짧
은 보폭 즉 최소 걸음을 이용한 표현이 아니라, 목적지까지 걸어가

는 데 기본적으로 필요한 추진력을 우리가 보통 사용하는 걸음 수로 표현한 것이다.

양다리가 균일하게 앞뒤로 움직이면서 만들어지는 걸음은 각자 일정하고 사람마다 거의 같으므로 최근까지도 거리를 재는 단위로 이용되었다. 내가 만약 다른 사람에게 100걸음을 가라고 말한다면 그것은 그 사람의 다리에 똑같은 100번의 운동 추진력을 전달하라는 것이다. 그 결과는 언제나 서로 비슷한 길이의 구간이 될 것이다. 만약 어떤 똑같은 구간을 반복하여 지나다니면, 걸음을 일으키는 추진력이 방향 부호의 형태로(방향감각으로) 기억에 남게 된다. 그 결과 위치를 알려주는 표지를 전혀 보지 않고도 같은 자리에서 저절로 멈추게 된다. 그러므로 '익숙한 길'에서는 방향 부호가 중요한 역할을 한다.

이제 이 '익숙한 길'이 동물의 세계에서는 어떻게 작용하는지 궁금할 것이다. 분명히 동물 환경에서는 냄새와 피부 감촉으로 식별되는 표지가 '익숙한 길'을 만드는 데 결정적인 역할을 담당할 것이다. 오랫동안 미국에선 다양한 동물들을 미로에 적응시켜서 어떤 특정한 길을 얼마나 빨리 배우는지 알아내는 연구를 많이 수행해왔다. 그런데 지금 이 책에서 다루고 있는 '익숙한 길'의 문제를 미국 과학자들은 주목하지 않았다. 시각, 미각, 후각 등과 관련된 표지를 연구하지 않았고, 또한 좌표시스템을 활용하는 것도 고려하지 않아서 왼쪽 오른쪽 자체가 문제가 될 수 있다는 것을 전혀 생각하지 않았다. 또한, 동물에게도 걸음 수가 거리를 재는 수단이 될 수 있음을 몰랐기 때문에 걸음에 대한 설명이 전혀 없었다.

간단하게 말해서, 수많은 관찰 자료가 있지만 '익숙한 길'을 이해하기 위해서는 완전히 새롭게 시도해야 한다. 개의 '환경'에서 '익숙한 길'을 찾아내는 것은 이론적으로 흥미로울 뿐만 아니라 안내견이 시각장애인을 돕기 위하여 극복해야 하는 과제가 무엇인지 알게 하는 실용적 가치도 매우 크다.

오른쪽 그림은 안내견이 시각장애인을 이끄는 모습이다. 시각장애인의 '환경'은 매우 제한되어 있어 발이나 지팡이를 사용하여 더듬을 수 있는 만큼만 알 수 있다. 그가 걸어 다니는 길도 어둠 속에 잠겨있다. 안내견은 정해진 길을 따라 그를 집까지 데려가야 한다. 안내견을 훈련하기 어

그림 33. 시각장애인과 안내견

려운 것은 자신이 좋아하는 것이 아닌 시각장애인에게 도움이 되는 게 확실한 표지를 안내견의 '환경'에 넣어야 하고, 안내견은 시각장애인이 부딪치지 않도록 장애물을 피해서 돌아가야 한다. 보통 개가 관심을 보이는 대상이 아닌 우편함이나 열려있는 창문 등

이 표지가 되게끔 가르치는 것이 특히 어려운 일이다. 시각장애인은 보도 가장자리에 깔아 놓은 갓돌에 걸려 넘어질 수 있지만, 안내견은 거의 신경 쓰지 않아도 된다. 그런 갓돌을 안내견의 '환경'에 표지하는데 이 또한 어려운 일이다.

오른쪽 그림에서 어떤 어린 까마귀의 행동을 표현했다. 어린 까마귀는 집을 완전히 한 바퀴 돌아 날아간 다음에, 그 길을 거꾸로 날아서 출발 지점으로 되돌아간다. 사실 까마귀는 처음 한 바퀴 돌았을 때 출발 지점에 이미 와 있었지만, 그것을 알아차리지 못하였다. 최근에 밝혀진 바로는 쥐도 바로 갈 수 있는 가까운 길보다는 익숙한 길을 이용한다.

그림 34. 어린 까마귀에게 익숙한 길

싸움 물고기(투어)도 '익숙한 길'을 가졌는지 조사하여 다음과 같은 결과를 얻었다. 이 물고기는 낯선 물체에 대해 거부감을 느낀다. 이 물고기가 쉽게 통과할 수 있는 2개의 둥근 구멍이 뚫려있는 유리판을 수조 안에 세워 두었다. 먹이를 한 구멍 바로 뒤에 놓아두면 물고기가 주저하면서 구멍을 통과하여 먹이를 먹을 때까지 꽤 오랜 시간이 걸렸다. 그런 다음에는 먹이를 원래 위치에서 옆쪽으로 옮겨 놓아도 바로 먹이 쪽으로 움직였다. 그런데 먹이를 다른 구멍 뒤에 놓아두면 물고기는 새 구멍을 이용하지 않고 이미 익숙해진 원래 구멍만을 이용해서 유리판을 통과했다.

그림 35. 싸움 물고기의 익숙한 길

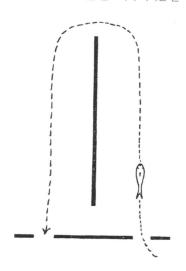

왼쪽 그림에서 나타낸 대로 수조 안에 칸막이벽을 세우고 물고기가 반대쪽에 있는 먹이를 향하여 칸막이를 빙 돌아가도록 연습시켰다. 그런 다음에 돌아가지 않고 바로 갈 수 있도록 칸막이를 옮겨 놓아도 물고기는 망설이지 않고 익숙한 길을 따라 먹이를 향해 빙 돌아서 헤엄쳐 나갔다. '익숙한 길'을 이해하기 위해서 시각과 방향 표지는 물론 그곳을 향하여 가는 행동까지 관련시켜 논의하였다.

전체적으로 생각하면, '익숙한 길'이란 점성이 강해서 흐르지 못하는 진흙탕에 있는 잘 흘러가는 물길과 같다고 말할 수 있다.

X

집과 영역

'집과 영역'은
'익숙한 길'과 깊은 관계가 있다.

우선 큰가시고기를 관찰한 결과를 보자. 젊은 수컷이 둥지를 틀면서 입구를 화려한 색깔의 가느다란 실로 장식해 놓곤 한다. 마치 새끼가 집을 알아볼 수 있도록 꾸미는 것처럼 보인다.

　새끼는 둥지에서 아빠 가시고기의 보호를 받으며 자란다. 둥지는 새끼의 집이다. 그러나 영역은 둥지 밖까지 그 범위가 넓어진다. 그림을 보면 큰가시고기 두 마리가 서로 반대편 구석에 둥지를 각각 하나씩 만들었다. 이때 눈에는 안 보이는 경계선이 어항을 가로질러 있어서 어항을 두 공간으로 나누고, 각 공간은 하나의 둥지에 소속되어 있다. 이 공간은 설사 큰 덩치의 다른 가시고기가 침범해 들어온다 해도 힘껏 싸워 반드시 지켜내야 하는 영역이다. 자신의 영역에서는 언제나 승자가 된다.

　영역은 전적으로 '환경' 문제다. 왜냐하면 영역은 순전히 주관적

그림 36. 가시고기의 집과 영역

으로 만들어진 결과로써 '주변'에 대한 자세한 지식만 가지고는 전혀 이해되지 않는다. 그렇다면 어떤 동물은 영역이 있고 어떤 동물은 영역이 없는가? 집파리는 방안의 샹들리에 '주변'의 일정한 공간을 반복해서 왕복 비행을 하지만 영역이 없다. 반대로 거미는 거미집을 만들고 그곳에서 오랫동안 산다. 즉 거미줄은 집인 동시에 영역이다.

두더지도 같은 상황이다. 두더지 역시 자신의 집과 영역을 짓는다. 규칙적인 구조의 땅굴 시스템이 거미줄처럼 땅속에 퍼져있다. 땅굴 하나하나는 물론 굴이 퍼져있는 땅속 전체가 두더지가 지배하는 영토이다. 실험 장치 같은 좁은 공간에 인위적으로 만들어진 땅굴은 거미줄과 비교되기도 한다. 두더지는 고도로 발달한 후각 기관을 갖고 있어서 통로 안의 먹이를 잘 찾아낼 뿐만 아니라, 5~

6㎝ 깊이의 단단한 흙 속에 있는 먹이의 냄새도 맡을 수 있다. 좁은 공간에 만들어진 조밀한 땅굴 시스템에서는 통로 사이의 흙 속까지 두더지의 감각이 완전히 지배한다. 자연 상태에서는 통로 사이의 간격이 훨씬 더 넓지만, 통로 밖 일정 거리 안의 주변 흙 속 공간도 냄새로 지배될 수 있다. 마치 거미처럼 두더지는 땅굴을 여러 번 답사하면서 우연히 들어온 먹이를 모두 모아둔다. 땅굴 시스템의 중앙에 자신의 집이라고 할 수 있는 굴을 만들고 마른 이파리를 깔아 놓고 거기에서 휴식을 취한다. 땅속 동굴은 모두 '익숙한 길'로써 앞•뒤 방향 모두 같은 빠르기로 능숙하게 돌아다닐 수 있다. 땅굴이 뻗어나간 범위가 두더지의 사냥터이자 동시에 이웃 두더지의 침입을 목숨 걸고 막아내는 영역이다.

놀라운 사실은 시력이 남아있지 않은 두더지가 우리가 보기엔 완전히 똑같아 보이는 땅속 환경에서 실수 없이 자신의 길을 찾아가는 것이다. 두더지를 훈련해 먹이가 있는 어떤 위치에 익숙하게 만들면 그곳으로 가는 길이 완전히 무너지더라도 그 장소를 찾아간다. 이때 냄새를 이용하여 길을 찾을 가능성은 없다.

그보다는 두더지의 공간은 완전한 활동공간으로써 '방향성이 있는 걸음'을 이용하여 한번 지나가 본 길을 찾아내는 능력이 있다고 가정해야 한다. 이 경우에, 시각이 없는 다른 모든 동물처럼 '방향성이 있는 걸음'과 연관된 촉감이 중요한 역할을 담당한다. 방향 표지와 '방향성이 있는 걸음'이 합쳐진 공간적 틀이 있다고 생각해야 한다. 두더지는 자신의 땅굴이 전체 또는 일부가 파괴되면, 이 공간적 틀을 살려내어 원래와 같은 새 땅굴 시스템을 만들어 내는 능력이 있다.

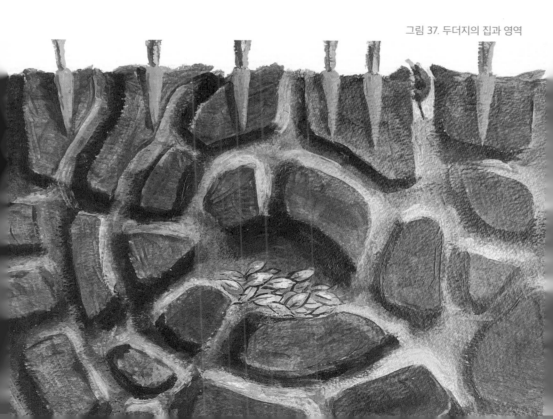

그림 37. 두더지의 집과 영역

꿀벌 역시 집을 짓고 벌집 '주변'에서 먹이 활동을 하지만 벌집 밖 주변 공간이 침입자를 방어하는 영역은 아니다. 반대로 까치는 둥지를 틀고 그 '주변'의 일정 범위에 다른 까치가 있는 것을 허용하지 않는다. 즉 까치에게는 집과 영역이 있다고 말할 수 있다.

아마 많은 동물이 자신의 사냥터에 같은 종의 다른 동물이 들어오는 것을 막아서 영역을 지키는 것을 보았을 것이다. 어떤 지역에 영역을 표시한다면 영역 간의 경계선은 공격과 방어를 통하여 결정된 동물의 정치 지도와 같다. 영역끼리 바로 맞닿아 있어서 주인이 없는 땅이 남아있는 경우는 드물 것이다.

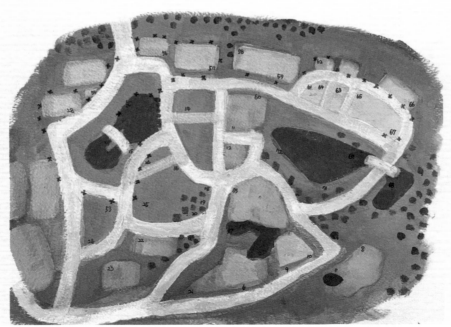

그림 38. 함부르크 동물원 지도. X표시는 개가 만들어 놓은 영역이다

매우 특이한 사실은, 맹금류의 둥지와 사냥터 사이에 먹이 사냥을 하지 않는 중립지역이 바로 붙어있다는 것이다. 조류학자들은 자연에서 이런 식으로 '환경'이 배열된 이유는 맹금류가 자신의 새끼를 공격하는 것을 방지하기 위한 것이라고 짐작한다. 알이 부화하여 새끼가 크면서 둥지 근처의 나뭇가지 사이를 뛰어다니는데, 이 시기에 부모가 새끼를 실수로 공격할 수도 있으나, 중립지역에서는 새끼가 보호받으며 안전하게 지내는 것이다. 이 중립지역은 많은 종류의 명금류(참새 아목)도 둥지를 치고 알을 부화하여 새끼를 키우기 위하여 찾아오는 곳이다.

　　개가 다른 개들에게 자신의 영역을 선포하는 방식이 특별한 관심을 끌고 있다. 그림은 함부르크 동물원의 지도에 이곳을 매일 산책하는 수캐 두 마리의 소변보는 위치들을 표시한 것이다. 개들이 자기의 냄새를 표시하는 위치는 사람들도 쉽게 알아볼 수 있는 곳들이었다. 두 마리가 함께 산책하면 언제나 소변보기 경쟁이 일어났다.

　　두 마리중 더 활발한 개는 낯선 개와 마주치면 곧 근처의 눈에 띄는 물체에 자신의 존재를 표시하는 경우가 많았다. 다른 개가 냄새로 표시한 영역에 침범하면 다른 개의 표시를 차례대로 찾아내어 꼼꼼하게 자신의 소변으로 덧칠하였다. 반대로 활기가 약한 두 번째 개는 다른 개의 영역에서 이미 있는 냄새 표시를 겁먹은 채로 지나가며 자신이 발견되지 않도록 냄새를 남기지 않았다.

그림 39. 곰의 영역 표시

　북미 대륙의 큰 곰도 일상적으로 영역을 표시하는 것을 그림으로 보여준다. 곰이 최대한 똑바로 서서 멀리서도 잘 보이는 큰 소나무의 껍질을 등과 턱으로 문지른다. 이런 행동은 다른 곰들에게 이 나무를 피해서 멀리 돌아가고 여기는 자기처럼 큰 곰이 지키고 있는 영역이니 접근하지 말 것을 알리는 신호로 작용한다.

XI

친구와 배우자

나는 오리 새끼 한 마리를 생생하게 기억하고 있다.
그 새끼 오리는 칠면조 새끼들과 함께 부화하였는데
거칠었고, 칠면조 가족과 아주 가깝게 지내면서
물에는 한 번도 들어가지 않았다.

물에서 나오는 깨끗하고 산뜻한 오리를 보면 곤혹스러워하며 피해 다녔다. 그리고 얼마 지나지 않아 나에게 아주 어린 야생 오리 한 마리가 생겼는데, 그는 나를 계속 따라다녔다. 내가 앉아 있으면 자기 머리를 내 발에 붙여 놓았다. 내 장화가 그 오리를 끌어당기는 힘이 있다는 생각이 들었다. 왜냐하면 그 오리가 가끔 검은 닥스훈트를 따라다녔기 때문이다. 그래서 나는 움직이는 검은 물체가 새끼오리의 어미 모습이 되기에 충분하다고 생각하였고, 잃어버린 가족 관계를 회복하기 위해서 어미의 둥지 가까이에 놓아주었다.

그러나 지금 생각해보면 새끼오리가 실제로 그런 식으로 가족을 찾을 수 있었는지는 확실치 않다. 새끼 회색기러기가 부화하면 즉시 가족에게 보내야만 순순히 가족과 합치게 된다고 한다. 인간과의 관계가 조금 오래 유지된 새끼는 자기 동족과의 유대 관계를 모두 거부한다.

이런 경우는 모두 '보이는 모습'이 혼동되는 것과 관련이 있는데, 특히 새에서 자주 관찰된다. 그렇지만 확실한 결론을 내리기에는 새의 '보이는 모습'에 대한 지식이 아직 충분하지 않다. 앞에서 이미 메뚜기를 사냥하는 갈까마귀를 설명하였다. 갈까마귀는 움직이지 않는 메뚜기에 해당하는 '보이는 모습'을 아예 갖고 있지 않으며 그 결과 갈까마귀의 '환경'에서 정지한 메뚜기는 존재하지 않는 것 같다.

　　갈까마귀의 '보이는 모습'에 관한 또 다른 관찰 내용이 그림에 그려져 있다. 고양이가 갈까마귀를 잡아서 물고 가는 것을 본 다른 갈까마귀들이 공격 자세를 취하는 것을 볼 수 있다. 갈까마귀를 물고 있지 않은 고양이는 한 번도 공격받지 않는다. 고양이가 먹잇감을 물고 있어서 이빨이 무서운 무기로 사용될 수 없을 때만 갈까마귀의 공격 대상이 되었다.

그림 40. 고양이를 경계하는 갈까마귀

그림 41. 사람을 경계하는 갈까마귀

이러한 갈까마귀의 행동은 목표가 매우 분명한 것처럼 보이지만, 실제로는 갈까마귀의 능동적인 판단력과는 관계없이 설계도에 충실한 반응일 뿐이다. 왜냐하면, 사람이 검은 수영복 바지를 들고 자기 옆을 지나가도 공격 자세를 취하기 때문이다. 반면에 흰 갈까마귀를 물고 있는 고양이는 공격받지 않았다. 즉 가까이에서 검은 물체가 실려 지나가는 것이 보이면 즉시 공격 자세를 취하는 것이다.

이렇게 정밀하지 않게 작용하는 '보이는 모습'은 항상 착오를 일으키는 원인이 된다. 예를 들면 성게는 자신의 시야를 어둡게 만드는 모든 원인에 대하여 똑같은 방식으로 대응하는 것으로 보아 지나가는 배나 구름을 천적인 물고기와 구분하지 못한다. 그렇지만 새의 행동은 이런 단순한 설명만으로 충분히 이해되지 않는다.

군집 생활하는 새들에게서 일어나는 사건들은 서로 모순된 경우가 많이 있다. 최근에 '초크'라고 불리는 훈련된 갈까마귀의 전형적인 행동에 작용하는 주된 원리가 밝혀졌다. 사교적인 갈까마귀는 평생 다양한 일을 같이하는 친구를 가까이 둔다. 혼자 사는 갈까마귀도 친구를 갖는 것을 전혀 포기하지 않으며 갈까마귀 대신 다른 동물(또는 사람)을 친구로 삼기도 한다. 그래서 하는 일에 따라서 친구 역할을 하는 대상이 서로 다를 수도 있다.

그림 42-1. 갈까마귀가 어미로 삼은 로렌츠 박사와 배우자로 삼은 소녀

그림 42-2. 갈까마귀가 새끼로 입양한 까마귀와 친구로 사귄 까마귀

그림을 보면 갈까마귀의 친구 관계를 한눈에 이해할 수 있다. 갈까마귀 초크는 어린 시절엔 어미 역할을 대신하는 친구로 로렌츠 박사(Konrad Lorenz, 1903~1989)를 소유하였다. 먹이를 얻어먹으려고 어디든지 따라다니며 그를 불러댔다. 먹이를 스스로 찾아 먹게 되자 청소하는 소녀를 사랑하는 배우자로 삼아서 그녀 앞에서 특색있는

짝짓기 춤을 추었다. 그 후에 어린 까마귀를 새끼 역할을 대신하는 대상으로 입양해서 먹이를 먹여주었다. 초크가 먼 거리 비행을 시도할 때는 로렌츠 박사에게 같이 날아갈 것을 주문하며 갈까마귀의 행동 양식에 따라서 로렌츠 박사의 등에 바짝 붙어서 높이 날아올랐다. 그러나 결국 같이 날지 못하자 날아다니는 까마귀를 친구로 대체하여 그들과 합류하였다.

이렇듯이 갈까마귀에게는 친구의 '보이는 모습'이 하나만 있는 것이 아니다. 친구의 역할이 계속 바뀌니까 그럴 수밖에 없다. 갈까마귀가 태어날 때 어미 역할을 하는 친구가 모양이나 색깔 같은 것으로 결정되지 않는 것 같다. 그 대신에 목소리로 결정되는 경우가 자주 있다.

로렌츠 박사는 다음과 같이 말하였다. "어미 역할을 하는 친구에서 어떤 것이 선천적으로 갖는 어미 부호이고 어느 것은 개별적이고 후천적으로 갖게 된 어미 부호인지를 밝혀야 한다. 이때 놀라운 것은, 새끼가 진짜 어미를 보기 전에 며칠 또는 심지어 몇 시간 동안만 떼어 놓아도 그사이에 후천적으로 생긴 부호가 강하게 새겨져서 그것을 선천적이라고 굳게 믿는 것이다."

이와 비슷한 일이 짝 역할 하는 친구를 선택할 때도 일어난다. 짝으로 삼은 친구의 부호가 후천적으로 각인되면 그의 '보이는 모습'이 다른 것으로 교체되지 않는다. 그 결과 같은 종의 동물일지라도 짝으로 삼지 않는다.

이 사실은 한 재미있는 경험담을 통해서 널리 알려졌다. 암스테르담 동물원에는 젊은 알락 백로 한 쌍이 있었는데 이중 수컷이 동물원장을 "사랑"하였다. 원장은 백로의 짝짓기를 방해하지 않으려고 오랫동안 숨어지냈다. 그 결과 수컷은 암컷과 잘 지내게 되었다. 그들은 행복한 부부가 되었고 암컷은 알을 낳아 둥지에 앉아 부화시키고 있었다. 이때 원장이 그들 앞에 불쑥 나타났는데 어떤 일이 일어났는가? 수컷이 원장을 보자마자 암컷을 둥지에서 쫓아내고 몸을 굽히는 동작을 반복하여 원장이 둥지에 들어와서 부화를 계속해 주기를 바란다는 의사를 표현하였다.

자식 역할을 하는 친구의 '보이는 모습'은 대부분 구체적이고 뚜렷한 것 같다. 이 경우에 새끼의 활짝 벌어진 입이 주요한 역할을 할 것이다. 그렇지만 고도로 육종된 오핑턴(Orpington) 품종의 암탉이 고양이와 토끼 새끼를 돌기도 한다.

초크 갈까마귀의 경우에서 보았듯이 공중 비행을 위해 필요한 친구는 더 넓은 범위에서 찾는다.

앞에서 본 바와 같이 사람이 운반하는 검은색 수영복 바지가 갈까마귀의 공격을 받는다면, 즉 적으로의 쓰임새가 있다면, 수영복이 적의 역할을 대신하는 경우가 된다. 갈까마귀의 '환경'에는 많은 종류의 적이 있으므로 적의 역할을 대신하는 어떤 것이 나타나도 진짜 적의 '보이는 모습'에는 전혀 영향을 미치지 못한다. 즉 진짜 적의 모습이 지워지지 않는다.

친구의 경우는 다르다. '환경'에서 친구는 하나만 존재한다. 그래서 친구로 삼은 대상에게 친구로의 쓰임새를 주면 이후에 진짜 친구가 생기는 것이 불가능하게 된다. 초크 갈까마귀의 '환경'에서 청소 도우미 소녀의 '보이는 모습'이 유일한 사랑의 쓰임새를 갖게 된 다음에는 모든 다른 모습은 사랑과 아무 관계가 없었다.

만일 갈까마귀의 '환경'에서 모든 살아있는 생명체를 갈까마귀와 갈까마귀가 아닌 다른 생물로 단순하게 나눈다면, 그리고 개별적인 경험에 따라서 그 경계가 달라진다면 위에서 소개된 엽기적인 오류를 이해할 수도 있다. '보이는 모습'만이 갈까마귀의 행동에 영향을 미치는 것이 아니라 개별적 관계에서 '작동하는 모습'도 중요하다. 이것에 따라서 어떤 '보이는 모습'이 친구의 쓰임새를 갖게 되는지 결정된다.

XⅡ

모습 찾기와 쓰임새 찾기

'환경'에서 또 다른 중요한 요소인
'모습 찾기'가 무엇인지를 잘 설명하는
경험 두 가지를 소개하겠다.

내가 예전에 한 친구 집에서 오랫동안 지낼 때의 일이다. 매일 점심 식사 때 식탁의 내 자리에는 흙으로 만든 물단지가 놓여 있었다. 어느 날 하인이 그 물단지를 깨뜨려서 유리병을 그 자리에 새로 갖다 놓았다. 그런데 내가 식사하면서 물단지를 찾았을 때 그 유리병이 보이지 않았다. 내 친구가 "물은 원래 있던 자리에 놓여 있네"라고 나에게 확인시킨 다음에서야, 칼과 접시에서 반사된 밝은 빛에 가려졌던 볼록한 유리병이 눈에 띄었다. 친구의 말을 듣기 전까지는 내가 보고자 의도한 물체의 모습이 물체의 실제 모습을 가로막고 있었다.

두 번째 경험은 다음과 같다. 어느 날 가게에서 큰돈을 지급해야 해서 100마르크 지폐를 내놓았다. 그 돈은 새 돈이었는데 살짝 접

그림 43. 찾고 있었던 물단지의 모습
에 가려져서 보이지 않았던 유리병

힌 채로 계산대 가운데 제대로 놓지 못해서 가장자리에 걸쳐 있게
되었다. 나는 여자 점원에게 거스름돈을 달라고 하였는데 그 점원
은 내가 아직 물건값을 지급하지 않았다고 했다. 나는 그녀 바로 앞
에 돈이 있다고 말했지만 소용없었다. 그 점원은 화를 내며 빨리 달
라고 하였다. 그때 나는 집게손가락으로 그 돈을 움직여서 바로 보
이도록 뒤집어 놓았다. 점원은 그제야 작은 비명을 지르며 지폐를
받았고 그 돈이 공중으로 다시 사라질까 봐 조심스럽게 다루었다.
이 경우도 찾고 있는 모습이 '보는 모습'을 차단한 것이 분명했다.

아마 모든 독자 여러분도 마술처럼 보이는 이와 비슷한 경험이
있을 것이다. 인간이 어떤 대상을 알아채는 과정에서 밀접하게 상
호작용하는 다양한 경로를 설명하는 것으로써 나의 생물학 강의에

그림 44. 종소리의 자극이 표지되는 과정

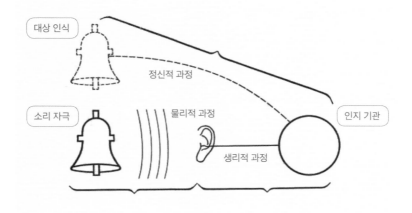

서 발표한 바 있다. 사람 앞에서 종을 치면 종은 자극원이 되고 공기 충격이 귓속으로 밀려온다(물리적 과정). 귀에서 공기 충격은 신경 자극으로 변환되어 뇌의 감각 기관에 도달한다(생리적 과정). 그런 다음 감각 부호를 가진 세포가 작동하여 종소리를 '환경'에 표지한다(정신적 과정). 공기 파동이 귀에 전달되는 동시에, 에테르 파동은 눈에 흡수되어 감각 기관을 자극한다. 계속해서 색조와 색깔의 감각 부호가 하나로 합쳐지는 과정을 거치고 그것으로 '환경'에 있는 대상을 표지한다.

＊에테르(aether)는 빛의 파동설의 부산물로 파동이 진행하기 위해서 필수적으로 있어야 한다고 믿어졌던 매질(물결파에 대해서는 물, 소리에 대해서는 공기) 중 광파동 매질의 이름으로 만들어진 신조어다. 나중에 톰슨과 맥스웰 등이 발전시켜 빛과 전자기 현상을 설명하는 데 사용되었으나 결국에는 에테르가 존재하지 않음이 마이켈슨-몰리 실험(1887년)으로 밝혀졌다. 이는 나중에 아인슈타인의 상대론이 만들어지는 데 이바지하게 된다.〈위키백과〉

그림을 이용하여 '모습 찾기'도 설명할 수 있다. 이 경우엔 종이 볼 수 없는 위치에 있어야 한다. 종을 치면 소리의 감각부호가 바로 '환경'으로 향한다. 동시에 실제로는 보이지 않는 '보이는 모습'이 더해져서 '모습 찾기'에 사용된다. 찾고 있던 종이 시야에 들어오면 이때의 '보이는 모습'이 '찾는 모습'과 일치한다. 이미 앞에서 예를 들어 설명한 것처럼, 만약 두 가지가 서로 상당히 다르면 '모습 찾기'가 '보이는 모습'을 지워버릴 수 있다.

개의 '환경'에는 매우 확실하게 '모습 찾기'가 있다. 주인이 막대기를 물어 오라고 시켰을 때, 개는 막대기에 대한 확실한 '모습 찾기'를 갖고 있다. 여기에서 '모습 찾기'가 '보이는 모습'에 어느 정도까지 부합하는지 더 자세하게 연구할 기회가 있다.

두꺼비를 연구한 결과 다음과 같은 사실이 알려졌다. 오래 굶주린 두꺼비가 지렁이 한 마리를 맛있게 다 먹은 다음 곧바로 지렁이와 비슷해 보이는 성냥개비로 돌진한다. 여기에서 알 수 있는 것은 방금 맛있게 먹은 지렁이가 '모습 찾기'에 사용된다는 것이다. 그런데 처음에 거미를 먹어서 배고픔을 달랜 두꺼비는 다른 '모습 찾기'를 갖는다. 그래서 이끼나 개미를 먹는데 이것들은 두꺼비에게 좋은 먹이가 아니다.

여기에서 분명한 것은 하나의 모습을 지닌 어떤 특정 물체를 찾는 것이 아니고, 어떤 정해진 행동에 알맞은 대상을 찾는 것이다. 그래서 우리도 특별한 의자 하나를 찾아서 두리번거리는 것이 아

그림 45. 두꺼비가 찾는 '먹이' 모습

니라 특정 쓰임새(활용성)와 결부된 대상을 찾는다. 즉 물체의 종류를 막론하고 앉을 기회를 제공하는 물건을 찾아서 두리번거리는 것이다. 이 경우에 '모습 찾기'보다는 '쓰임새-찾기'라고 말할 수 있다.

쓰임새-찾기가 동물의 '환경'에서 얼마나 큰 역할을 하는지는 이전에 소라게와 말미잘의 예를 통해 살펴보았다. 그때엔 소라게의 다양한 기분이라고 얘기했던 것을 지금은 다양한 쓰임새-찾기로 좀 더 정확하게 표현할 수 있다. 이에 따라서 소라게는 같은 '보이는 모습'에 때로는 자기방어, 때로는 집, 때로는 양분 등의 쓰임새를 부여하며 다가간다.

배고픈 두꺼비는 우선은 일반적인 먹이로의 쓰임새만으로 영양분을 찾지만, 지렁이나 거미를 먹고 나면 특정 '모습 찾기'가 추가로 덧붙여진다.

XIII

신비로운 동물의 환경

인간의 넓은 시야로 보는 동물의 '주변'과
동물이 표지해 놓은 사물로 가득 차 있는
동물의 '환경'이 근본적으로 크게 다른 것은 분명하다.

지금까지는 '환경'이 대부분 외부 자극으로 깨어난 감각 부호들로 만들졌다고 생각하였다. 그런데 '모습 찾기'와 '익숙한 길'을 따라가는 것, '영역'의 경계를 정하는 것 등에서 보는 바와 같이 어떤 경우에는 '환경'이 외부로부터의 자극에서 비롯된 것이 아니고 동물이 주관적으로 만든 것임을 보여주었다. 이러한 주관적인 것은 동물의 개별적 경험들이 반복되면서 형성되었다.

이 밖에도 어떤 환경에서는 동물만 볼 수 있는 환상 같은 모습이 나타난다. 그런데 이 모습은 사전에 전혀 경험해 보지 못했거나, 또는 기껏해야 한 번 정도 겪어본 일과 관련되어 있다. 우리는 이런 경우를 신비로운(마술 같은) '환경'이라고 부른다.

많은 어린이가 이런 신비로운 '환경'에 깊게 빠져 있는 것을 아래의 예에서 알 수 있다. 한 언론매체를 통해 소개된 작은 소녀에 관한 내용이다. 이 소녀는 혼자 성냥갑 하나와 성냥개비 세 개를 갖고 과자로 만든 마녀의 집, 헨젤과 그레텔, 나쁜 마녀 놀이를 계속하다가 갑자기 소리를 질렀다: "마녀를 치워 버려, 그 역겨운 얼굴을 더는 보기 싫어."

이 이야기는 전형적인 상상 체험 놀이를 표현한 것으로, 나쁜 마녀가 이 작은 소녀의 '환경'에 살아서 나타난 것이다.

이런 일은 연구자들이 원시 부족을 탐사할 때 자주 겪는 일이다. 이들에 의하면 원시 부족은 실제로 존재하는 것들과 상상 속 모습이 섞여 있는 불가사의한 세계에 살고 있다. 그런데 자세히 살펴보면 문화 수준이 높은 유럽인의 '환경'에서도 같은 종류의 신비한 형상과 마주치게 된다.

동물 역시 신비로운 '환경'에서 살아가는가? 개가 신비로운 체험을 하는 것은 여러 차례 보고되었다. 그런데 이 주장들이 제대로 분석되지는 않았다. 다만 개들이 자신의 경험을 서로 연결할 때 논리적이라기보다는 불가사의한 방식을 쓴다는 것은 대체로 인정되고 있다. 개의 '환경'에서 주인은 원인과 결과로 분석되지 않는 신비한 존재로 받아들여지는 것이 분명하다.

친한 연구자의 발표에 따르면 새의 '환경'에는 신비로운 현상이

그림 46. 찌르레기의 상상 속 사냥

확실하게 있다. 어린 찌르레기를 방에서 키웠는데 날아다니는 물체를 잡아본 적은 물론 본 적도 없는 그 찌르레기가 갑자기 보이지 않는 물체로 돌진하고 그것을 공중에서 덥석 물고 원래 자리로 돌아와서 부리로 쪼아 꿀꺽 삼키는 동작을 하였다.

이 행동은 모든 찌르레기가 파리를 잡으면서 하는 행동이다. 의심할 여지 없이 찌르레기가 자신의 '환경'에서 파리를 상상하고 그 환상을 본 것이다. 분명히 찌르레기의 '환경'은 '먹는 쓰임새'로 온통 가득 차 있어서 감각의 자극이 없더라도 파리를 잡는 데 필요한 뛰어오르는 행동(작동하는 모습)이 준비되어 있으므로 억지로라도 파리(보이는 모습)를 나타나게 하여 위와 같은 행동이 일어나게 하였다.

이 사실은 다양한 동물의 수수께끼 같은 행동이 신비로운 것임을 말해준다. 파브르는 여러 연구를 통해 이런 행동을 소개하고 있다. 그 가운데 하나를 소개하면 완두콩 딱정벌레 유충이 콩이 아직 부드러운 시기에 표면까지 굴을 파서 길을 낸다. 이 길은 유충이 다자라서 딱정벌레로 변신한 후에 딱딱해진 콩에서 빠져나올 때 사용된다.

　이것은 유충에게는 전혀 쓸모없는 활동이지만, 설계도를 충실히 따른 것이다. 왜냐하면, 미래의 딱정벌레가 느끼는 감각이 유충에게 전달될 리는 없기 때문이다. 유충이 이 길을 알게 하는 표시는 하나도 없다. 이 길은 유충의 입장에서는 전혀 갈 필요가 없지만, 딱정벌레로 변신한 다음에 비참하게 죽지 않으려면 반드시 통과해야 한다. 그 길이 신비한 모습으로 유충 앞에 분명하게 나타난다. 즉 경험을 통해 잘 아는 익숙한 길이 아니고 선천적으로 알고 있는 길이 모습을 드러낸 것이다.

그림 47-1. 입말이 곤충이 아는 신비로운 길

그림 47-2. 철새의 신비로운 비행 경로

선천적인 길을 보여주는 하나는 잎말이 곤충이다. 잎말이 곤충의 암컷이 자작나무 잎의 특별한 부위(이 부분을 맛으로 알아내는 것 같다)부터 이미 정해져 있는 반달 모양의 선을 따라 이파리를 자르기 시작한다. 나중에 이파리를 접어서 주머니를 만들고 그 안에 알을 낳는다. 암컷은 이 선을 따라서 이전에 가본 적이 없고 나뭇잎에는 절단선을 암시하는 어떤 것도 없지만, 이 선이 암컷 앞에 신비롭게 나타나 있는 것이 분명하다.

그림에서 보여지듯 똑같은 현상이 철새의 비행경로에도 적동된다. 철새에게만 보이는 길이 땅 위에 있는 것이다. 어린 새는 경험을 통해 길을 배우기도 하겠지만, 부모 없이 혼자 날아가는 어린 새는 땅 위의 길을 선천적으로 아는 것이 분명하다.

앞에서 자세하게 설명했던 '익숙한 길'처럼 선천적으로 아는 길역시 시공간과 활동공간 안에서 이어진다. 두 경우에 모두 감각 부호와 작동 부호가 교대로 연속적으로 일어나는데, '익숙한 길'이 앞선 경험을 통해서 정해지지만 '선천적 길'은 경험과 무관하게 신비한 현상으로 바로 나타난다는 것이 서로 다른 점이다.

낯선 곳에 처음 간 사람에겐 '익숙한 길'과 '선천적 길'이 모두 나타나지 않는다. 만일 그 외부인에게 어떤 길이 보인다면 그것이 '익숙한 길'인지 '선천적 길'인지 알 수도 없다. 그 이유는 두 경우에 모두 외부인 자신이 길을 표시하고 움직임을 결정하기 때문이다. 이

것이 감각 기관을 통한 자극으로 유발된 것이냐 아니면 선천적으로 멜로디가 이어지는 것처럼 작동하느냐의 차이다.

어떤 사람이 특정 길을 선천적으로 안다고 하면 그 길을 마치 '익숙한 길'처럼 설명하게 된다. 100 걸음 걸어가면 빨간 집이 있고, 거기서 오른쪽으로 돌아가서… 등등. 감각을 통한 경험으로 아는 것만을 합리적이라고 한다면, '익숙한 길'은 합리적인 것이 분명하고 '선천적인 길'은 그렇지 못하다. 그렇지만 '선천적 길'은 고도로 치밀하게 설계되어 있다.

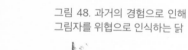

그림 48. 과거의 경험으로 인해 그림자를 위협으로 인식하는 닭

동물에서 신비로운 현상이 우리가 생각했던 것보다 더 많은 역할을 한다는 것을 알려주는 특별한 예가 있다. 닭장에서 암탉이 곡식을 쪼아 먹는 동안에 기니피그(모르모토) 한 마리를 안에 들여놓았더니 암탉은 자제력을 잃어버리고 날개를 푸드덕거리며 빙빙 돌았다. 그 후에 암탉은 그 닭장에서 먹이를 먹지 않았다. 아마 제일 좋은 먹이가 있었어도 굶어 죽었을 것이다. 이전에 겪었던 무서운 모습이 신비한 그림자가 되어 닭장 위에 매달려 있는 것이 분명하였다.

이 사실로부터 어미 닭이 병아리에게 돌진해 부리로 거칠게 쪼아 상상의 적을 물리치는 행동을 한 경우에도 어미 닭의 '환경'에 신비한 환상이 나타난 것으로 추측할 수 있다.

'환경'에 대한 연구를 깊게 할수록 객관적인 사실로 인정하기 어려운 요인들이 작용하는 것을 많이 알게 된다. '환경'에 있는 물체의 위치를 눈에 새기는 모자이크식 배열이나, '환경' 공간에 설정된 '방향성이 있는 면' 등은 실제로는 존재하지 않는다. 마찬가지로 동물의 '익숙한 길'이라는 것에 해당하는 실체를 찾을 수 없다. '주변'에서는 영역과 사냥터의 구별이 없다. '환경'에서 중요한 '모습 찾기'가 '주변'에는 흔적조차 없다. 마지막으로 우리는 '선천적 길'이라는 신비한 현상과 마주치고 있다. 이것은 객관성이 전혀 없지만 그래도 조직적으로 '환경'에 영향을 미치고 있다.

즉 '환경'에는 순수하게 주관적인 현실 세계가 존재한다. 게다가 '주변'에 있는 객관적인 현실이 '환경'에서도 객관적으로 나타나는 것이 절대로 아니다. 현실 세계는 항상 동물에 의해 표지나 모습으로 변환되고 쓰임새가 부여되면서 실질적인 존재가 된다.

결국, 단순한 기능 회로를 통해서 우리가 알게 된 것은, 환경에서 표지와 그에 대한 작용은 동물이 표현한 결과이며 대상 물체의 성질은 기능 회로에 필요한 매개자 역할만 하는 것으로 간주할 수 있다. 그래서 다음과 같은 결론에 도달한다. 모든 동물은 주관적인 현실만 있는 세계에서 살고 있으며 '환경'도 역시 주관적인 현실이 눈앞에 나타난 것이다.

주관적인 현실을 부정하는 사람은 자기 자신의 '환경'이 어떤 바탕 위에 서 있는지 모르는 사람이다.

XIV

주인공에 따라 달라지는 쓰임새

지금까지 잘 모르던 '환경'의 여러 분야를
하나씩 나누어 설명하였다. 모든 분야에 적용되는
일관성 있는 평가 방법을 찾아내기 위하여
여러 문제를 차례로 살펴보았다.

그러면서 몇 가지 본질적 문제가 다루어졌지만, 완벽한 해답을 얻지는 못했다. 많은 경우에 문제의 개념이 충분히 이해되지 못했고 어떤 것은 단순한 문제 제기 수준에 머물렀다. 그래서 얼마나 많은 것이 동물 자신에서 비롯되어 환경에 반영되는지 전혀 모른다.

자기 그림자가 시공간에서 어떤 의미가 있는지 알아보는 실험조차도 시도되지 못한 실정이다. '환경' 연구에서 문제를 하나씩 해결하는 것도 중요하지만 그것만으론 여러 '환경' 간의 연관성을 넓게 보는 통찰력을 얻을 수 없다. 동물이 중요한 역할을 담당하는 다양한 '환경'에서 주인공이면서도 대상이 되면 어떻게 작용하는가? 이 문제를 연구하면 제한적이지만 '환경'에 관한 통찰력을 얻을 수도 있다. 예를 들어 떡갈나무에는 여러 종의 동물이 살고 있고, 이들은 각자의 '환경'에서 각기 다른 구실을 하게 되어 있다. 떡갈나

그림 49. 산림관리원에게 떡갈나무는 좋은 땔깜이다

무는 인간의 '환경'에서도 다양하게 존재하므로 이해하기에 적당한 예이다.

그림은 화가 프란츠 후트(Franz Huths, 1876~1970)의 작품을 현대적 이미지로 재현한 것이다. 나이 든 산림관리원이 숲에서 잘라버릴 나무를 고른다고 하면 그의 이성적인 '환경'에서 떡갈나무는 도끼로 잘라 버려야 하는 목재 덩어리 이상의 의미가 없다. 그에게는 사람의 얼굴 모양을 한 볼록 솟아 나온 나무껍질이 중요하지 않다.

똑같은 나무지만 어린 소녀의 신비로운 '환경'에서는 다르게 여겨진다. 소녀의 숲 속에는 땅의 요정과 숲의 요괴가 살고 있다. 소녀는 떡갈나무가 무서운 얼굴로 자신을 바라볼 때 몹시 놀란다. 떡갈나무 전체가 무서운 마귀가 되었다.

그림 50. 어린 소녀에게 떡갈나무는 때론 무서운 존재다

에스토니아에 사는 사촌의 궁전공원에는 늙은 사과나무 한 그루가 서 있다. 사과나무에 큰 잔나비 버섯이 자랐는데 멀리서 보면 마치 어린 광대의 얼굴처럼 보이지만 그 사실을 아무도 눈치채지 못하였다.

어느 날 궁전공원에 러시아에서 온 열댓 명의 일꾼이 들어 왔었는데 그 늙은 사과나무를 발견한 다음날부터 매일 그 앞에 모여서 기도하고 십자가를 그리며 예배를 보았다. 그들은 잔나비 버섯이 사람이 만든 것이 아니라 기적의 모습임이 틀림없다고 이야기했다. 그들은 자연에서 일어나는 신비로운 현상을 당연한 일로 받아들였다.

다시 떡갈나무로 돌아가서 거기에 사는 동물을 더 살펴보자.

뿌리 사이에 파놓은 자신의 굴에서 지내는 여우에게 떡갈나무는 궂은 날씨의 위협으로부터 자신과 가족을 보호해 주는 집이다. 목재로의 쓰임새가 있거나 악마에게 위협받는 상황이 있는 것이 아니라 자신을 보호하는 쓰임새만 있는 것이다. 뿌리 공간을 제외한 떡갈나무의 모습은 여우의 '환경'과는 아무 관계가 없다.

마찬가지로 올빼미를 보호하는 쓰임새도 있다. 단지 이번에는 뿌리 대신 튼튼한 가지가 방어벽 구실을 한다. 다람쥐에게는 떡갈나무의 수많은 가지가 편리한 뜀틀이 되므로 뛰어오르기에 알맞은 쓰임새를 제공한다. 또 가지 끝에 둥지 치는 새들에게는 받침목으로서의 쓰임새가 제공된다.

그림 51. 떡갈나무의 쓰임새

이러한 다양한 쓰임새에 알맞게 떡갈나무에 사는 많은 동물에게 떡갈나무는 다양한 모습으로 보인다. 동물의 '환경'에서 떡갈나무는 전체가 아니라 동물의 기능 회로에 필요한 '표지가 되는 부분'과 '행위를 받는 부분'만이 존재한다. 개미의 '환경'에서 계곡과 언

그림 52. 떡갈나무 주변의 먹이사슬

덕이 있는 사냥터로 이용되는 주름진 나무껍질 이외에 다른 부분은 의미가 없다.

껍질 딱정벌레는 껍질을 벗겨내고 나무 속의 양분을 섭취하고 알을 낳는다. 애벌레는 나무껍질 밑에 구멍을 파고 들어가 외부의 위협을 받지 않고 안전하게 오랫동안 양분을 섭취할 수 있다. 그렇지만 완벽하게 보호받는 것은 아니다. 딱따구리가 강한 부리로 껍질을 파헤쳐 애벌레를 찾아내며, 맵시벌의 정교한 산란관이 떡갈나무의 껍질을 뚫고 애벌레 몸에다 알을 낳아 버린다. 맵시벌 알이 깨어나면 딱정벌레 애벌레는 먹이가 되어버린다.

이처럼 떡갈나무는 객관적인 물체이지만 각 부분이 많은 종류의 생물에게 제각각 서로 다른 '환경'이 되어 고도로 변화무쌍한 임무를 수행한다. 어떤 부분이 때에 따라서 크기도 하고 작기도 하며, 목재가 딱딱하지만 부드럽기도 하며, 생물을 보호하지만, 공격에 드러나 있기도 하다. 이렇게 떡갈나무라는 물체(대상)가 보여주는 특성들을 모아 보면 서로 모순되고 혼란스럽기만 하다. 그렇지만 이들은 모두 자신의 '환경'을 지탱·보호하는 잘 짜인 동물(주인공)의 한 부분일 뿐이다. 모든 생물은 이것을 깨닫지 못하며 또 절대로 알 수가 없다.

XV

이야기를 마무리하면서

우리가 떡갈나무라는 작은 세계에서
알게 된 사실이 대자연의 전체 생물 세계에서는
큰 규모로 일어난다.
우리를 혼란스럽게 하는 수많은 '환경' 중에서
인간은 자연을 탐구하는 데 주어진 '환경',
즉 연구자의 '환경'만 골라서 연구한다.

그림은 천문학자의 '환경'을 알기 쉽게 묘사하였다. 땅으로부터 가능한 한 멀리 솟아 있는 높은 탑 꼭대기에 사람이 앉아 있다. 그리고 거대한 망원경을 사용하여 우주의 끝에 있는 별도 볼 수 있을 만큼 시야를 넓혀 놓았다. 천문학자의 '환경'에는 태양과 행성이 장엄한 궤도를 따라 둥글게 선회한다. 속도가 빠른 빛도 이 광활한 '환경'을 관통하려면 수백만 년이 걸린다.

그런데 이 '환경'도 연구자(주인공)의 능력에 맞춰 만들어진 자연의 작은 부분이다. 천문학자를 묘사한 그림을 약간 수정하면 깊은 바다를 연구하는 해양학자의 '환경'도 상상할 수 있다. 관측소 주변을 맴도는 것이 천체가 아니라 신기한 모양의 주둥이, 긴 촉수, 또는 빛을 발사하는 발광 기관을 가진 기괴한 모양의 물고기들이다. 이 경우에도 우리는 자연의 작은 단면이 보여주는 세계를 바라볼 뿐이다.

원소기호를 마치 알파벳처럼 사용하면서 자연의 수수께끼 같은 물질들의 관계를 알아내고 설명하고자 노력하는 화학자의 '환경'을 쉽게 설명하기는 어렵다. 그보다는 원자 물리학자의 '환경'이 우리에게 편하게 묘사된다. 왜냐하면, 별들이 천문학자 주위를 회전하듯이 전자가 회전하기 때문이다. 다만 이 경우에는 우주의 고요함 대신 소립자의 빠르고 격렬한 움직임이 있다. 물리학자는 아주 작은 입자를 충돌시켜 소립자를 폭파하는 실험을 수행한다. 또 다른 물리학자는 자신의 '환경'에서 에테르 파동을 연구할 때 파동을 보기 위한 완전히 다른 보조 수단을 활용한다. 그리하여 우리의 눈을

그림 53. 천문학자의 환경

자극하는 빛 파동이 다른 파동과 다르지 않다는 것을 확인할 수 있다. 빛도 파동일 뿐이다.

감각을 연구하는 생리학자의 '환경'에서는 빛 파동이 완전히 다른 역할을 한다. 이 경우에 빛은 색깔이 되어 자신만의 독특한 법칙을 따른다. 빨강과 초록이 합쳐지면 흰색이 되고 노란 바탕 위에 비친 그림자는 파란색이다. 이런 현상이 파동과 결부되어 설명되진 않았지만, 에테르 파동처럼 색깔도 실제로 느끼는 것이다. 비슷하게 파동 연구자와 음악 연구자의 '환경'을 대립시킬 수 있다. 각각의 '환경'에 파동만 있거나 소리만 있거나의 차이이다.

그런데 두 가지 모두 실제로 있는 것이다. 이런 방식으로 계속 이어갈 수 있다. 행동학자의 '환경'에선 몸이 정신을 불러일으키고 심리학자의 세계에선 정신이 몸을 만든다. 자연 과학자의 다양한 '환경'에서 자연이 대상(object)으로서 수행하는 역할은 매우 모순된 것들이다. 자연의 객관적 특징을 종합하려는 시도 자체가 카오스(혼돈)만 초래할 것이다. 모든 종류의 환경은 하나의 전체에 일부분으로 들어가 있다. 그렇지만 각각의 환경으로부터 전체로 향한 문은 영원히 폐쇄되어 있다.

자연이라는 주인공(주체, subject)은 자신이 만들어 놓은 모든 세계 (환경) 뒤에 숨어 있어서 영원히 인식되지 않는다.

야콥 폰 윅스퀼

Jakob von Uexküll, 1864 – 1944

윅스퀼은 발트해에 접해 있는 국가인 에스토니아(당시에는 러시아)에서 독일계 귀족 가문에서 태어났다. 타르투(Tartu) 대학교에서 동물학을 전공하였는데, 이 시기에 생물의 다양성을 설명하는 주류 이론인 다윈의 '자연선택에 의한 진화'와 베어의 '목적론적 힘에 의한 종의 발생'을 모두 공부하였다. 이 두 가지 과학 사상은 이후에 윅스퀼이 오랜 연구를 통해서 정립한 생물의 주관적 환경이란 개념에 모두 포함되었다.

윅스퀼은 다윈의 진화론만으로 모든 생물의 유연관계를 설명할 수 없다고 생각하였다. 다윈의 연구가 생물의 형태를 관찰하고 비교하는 것만으로 이루어진 것을 비판하였다. 그 대신 당시에 객관적 실험 결과에 기초한 생리학이 크게 발전하는 것에 감명받아서 신체 장기의 기능을 지배하는 원리를 실험을 통해서 밝힐 수 있다고 믿었다.

그의 과학적 업적은 신경 자극에 의한 근육의 움직임과 동물의 행동에 관한 연구에서 이루어졌다. 그에 의해서 피드백(feedback), 기능 회로(functional cycle), 신경 회로망(neuron network), 인지·운동의 부호화(sign process, 기호처리) 등 현대적 개념이 생물학에 도입되었다.

윅스퀼은 생물을 여러 장기가 조립된 기계 이상의 존재라고 믿었다. 따라서 각 장기간의 단순한 인과관계로는 설명이 안 되는 생물 자체의 법칙이 따로 있다고 생각하는 전체론적 견해를 유지하였다. 모든 생물이 자신에게 가장 잘 맞는 디자인(설계도)이 있고 그 디자인에 맞도록 생명 활동이 일어난다고 생각하였다. 그러므로 생물은 자기 주변의 많은 물체(다른 생물도 포함)나 물리·화학적 상태 중에서 자신에게 필요한 부분만 지각하고, 반응한다고 생각했다.

이렇게 생물의 생존에 의미가 있는 주변의 일부분을 환경이라고 규정하였다. 환경은 외부이지만 생물과 계속 상호작용하므로 생물의 한 부분으로 생각되어야 한다. 생물 종마다 디자인이 다르므로 환경도 다를 수밖에 없으며 같은 종이라도 개체마다 다를 수도 있다. 따라서 생물의 주변 전체는 객관적(보편적)이지만 환경은 생물에 의해서 주관적으로 정해진 것이다. 이러한 윅스퀼의 생각은 동물도 인간처럼 자신의 고유한 환경에서 삶을 주도적으로 영위하고 있음을 말해주고 있다.

윅스퀼에 의하면 생물은 환경의 자극을 부호(기호)로 지각(인지)되고 그에 대한 반응 역시 부호로 전달된다고 생각하였다. 이러한 생각은 현대 생물기호학의 출발로 여겨진다.

윅스퀼은 러시아에서 태어난 독일계 귀족이었지만 1917년에 러시아 혁명이 일어난 후 재산을 몰수당했다. 그 이후엔 주로 독일에서 지냈으며 히틀러의 나치 정권에 협력하였고, 2차 세계대전이 끝나기 전에 사망하였다. 그는 대학 졸업 후엔 어떠한 공식적인 학력을 갖지 않았음에도 불구하고 많은 독창적인 아이디어로 지금까지도 생태학, 행동 생물학, 심리학, 생물의 자기제어 시스템 연구에 영향을 주고 있다.

야콥 폰 윅스퀼

지은이 _ **야콥 폰 윅스퀼**(Jakob von Uexküll)

에스토니아 출신의 동물학자로 유기체가 어떻게 주변의 환경을 인식하고, 행동을 결정하는 가에 초점을 맞춘 생물학을 추구하였다. "모든 생물은 자신만의 디자인을 가지고 있고, 그에 맞는 생명 활동을 한다."고 본 그는 "생물은 자기 주변의 다양한 물체나 물리·화학적 상태 중에서 자신에게 필요한 부분만 지각·반응한다."며 "생물은 환경의 자극을 부호(기호)로 인지하고, 반응 역시 부호로 전달된다."고 여겼다. 이러한 생각은 현대 '생물기호학'의 출발점이다.

옮긴이 _ **김재헌**(金載憲)

1954년 서울에서 태어난 역자는 서울대학교에서 미생물학 학사·석사 과정을 밟은 후 독일 기센(Giessen)대학교에서 〈방선균의 기균사 형성에 미치는 탄소원과 질소원에 관한 연구〉로 박사학위(1984)를 받았다. 1985년부터 단국대학교 미생물학과에 재직해 후학을 양성하며 한국미생물학회의 학술저널《미생물학회지》편집위원(2005), 한국미생물학회 이사(2014) 등을 역임한 후 2019년 정년퇴임했다. 현재 단국대학교 미생물학과 명예교수로 재직하고 있다.

같은 공간, 다른 환경 이야기 - 동물과 인간의 주관적 세계론

2023년 6월 17일 1판 1쇄 발행

지은이. 야콥 폰 윅스퀼 ㅣ 옮긴이. 김재헌 ㅣ 그림. 문미라
펴낸이. 오종욱 ㅣ 총괄. 서미정 ㅣ 표지 디자인. 김정연

펴낸곳. 올리브그린 ㅣ 주소. 경기도 파주시 회동길 145, 연구동 2층 201호
전화. 070-7574-8991 ㅣ 팩스. 0505-116-8991 ㅣ 이메일. olivegreen_p@naver.com

ISBN. 978-89-98938-51-2 03470 ㅣ 값. 23,000원